建设机械岗位培训教材

旋挖钻机安全操作与使用保养

住房和城乡建设部建筑施工安全标准化技术委员会
中国建设教育协会建设机械职业教育专业委员会 组织编写

郭传新 主编

中国建筑工业出版社

图书在版编目(CIP)数据

旋挖钻机安全操作与使用保养/住房和城乡建设部建筑施工安全标准化技术委员会，中国建设教育协会建设机械职业教育专业委员会组织编写. —北京：中国建筑工业出版社，2018.8（2021.5重印）

建设机械岗位培训教材

ISBN 978-7-112-22514-9

Ⅰ.①旋… Ⅱ.①住… ②中… Ⅲ.①钻机-岗位培训-教材 Ⅳ.①P634.3

中国版本图书馆CIP数据核字(2018)第179164号

本书为建设机械岗位培训教材，内容包括行业认知，设备认知，施工工法认知，安全素养，施工作业与设备操作，日常维修与保养及附录等。

本书既可作为施工作业人员上岗培训教材，也可作为相关专业院校参考用书。

责任编辑：朱首明　李　明　刘平平

责任校对：焦　乐

建设机械岗位培训教材

旋挖钻机安全操作与使用保养

住房和城乡建设部建筑施工安全标准化技术委员会
中国建设教育协会建设机械职业教育专业委员会　组织编写

郭传新　主编

*

中国建筑工业出版社出版、发行（北京海淀三里河路9号）

各地新华书店、建筑书店经销

北京红光制版公司制版

北京建筑工业印刷厂印刷

*

开本：787×1092毫米　1/16　印张：10¼　字数：254千字

2018年9月第一版　2021年5月第三次印刷

定价：**31.00**元

ISBN 978-7-112-22514-9

(32579)

建设机械岗位培训教材编审委员会

特别鸣谢：

中国建设教育协会秘书处

中国建筑科学研究院有限公司建筑机械化研究分院

北京建筑机械化研究院有限公司

徐州徐工基础工程机械有限公司

中国建设教育协会培训中心

中国建设教育协会继续教育专业委员会

中国建设劳动学会建设机械技能考评专业委员会

中国工程机械工业协会租赁分会

中国工程机械工业协会桩工机械分会

中国工程机械工业协会用户工作委员会

住建部标准定额研究所

全国建筑施工机械与设备标准化技术委员会

全国升降工作平台标准化技术委员会

住房和城乡建设部建筑施工安全标准化技术委员会

中国工程机械工业协会标准化工作委员会

中国工程机械工业协会施工机械化分会

中国建筑装饰协会施工专业委员会

北京建研机械科技有限公司

国家建筑工程质量监督检验中心脚手架扣件与施工机具检测部

廊坊凯博建设机械科技有限公司

河南省建筑安全监督总站

长安大学工程机械学院

山东德建集团

大连城建设计研究院有限公司

北京燕京工程管理有限公司

中建一局北京公司

北京市建筑机械材料检测站

中国建设教育协会建设机械领域骨干会员单位

前　言

旋挖钻机在我国生产使用已有30多年历史，是桩工机械关键设备之一，主要用于建筑、铁路、公路桥梁和水利等工程。旋挖钻机因其效率高、污染少、功能多，在国内外的灌注桩施工中得到广泛应用。随着机械化施工的普及，现场作业人员对旋挖钻机机械化施工作业提出了知识更新需求。

为推动机械化施工领域岗位能力培训工作，中国建设教育协会建设机械职业教育专业委员会联合中国建筑科学研究院有限公司建筑机械化研究分院、住房和城乡建设部施工安全标准化技术委员会共同设计了建设机械岗位培训教材的知识体系和岗位能力的知识结构框架，并启动了岗位培训教材研究编制工作，得到了行业主管部门、高校院所、行业龙头骨干企业、高中职院校会员单位和业内专家的大力支持。本教材全面介绍了行业知识、职业要求、产品原理、设备操作、维修保养、安全作业及设备在各领域的应用，对于普及机械化施工作业知识将起到积极作用。

本教材由北京建筑机械化研究院有限公司郭传新主编；北京建筑机械化研究院有限公司于景华、徐州徐工基础工程机械有限公司张继光任副主编并统稿。徐州徐工基础工程机械有限公司张忠海和中国建筑科学研究院有限公司建筑机械化研究分院王平担任主审。

本教材编写过程中得到了中国建设教育协会建设机械职业教育专业委员会各会员单位以及徐州徐工基础工程机械有限公司等业内企业的大力支持。参加教材编写的有：徐州徐工基础工程机械有限公司孙余、李晓亮、王转来、单昌猛、马旭、贾学强、邱红臣、苏陈、耿倩斌、范强生、丁洪亮、张力，北京建筑机械化研究院有限公司刘慧彬、李科锋，河北衡水龙兴房地产开发有限公司王景润，住房和城乡建设部标准定额研究所毕敏娜、姚涛、张惠锋、刘彬、郝江婷、赵霞；中国建筑科学研究院有限公司建筑械化研究分院恩旺、鲁云飞、刘贺明、刘承桓、鲁卫涛、张磊庆、张淼、王春琢、王红格、陈浩、冯云、郭玉增、陈晓峰、高娟、孟竹、陈惠民等；衡水市建设工程质量监督检验中心王敬一、王项乙，河北公安消防总队李保国，武警部队交通指挥部施工车辆培训中心刘振华、林英斌，中建一局北京公司秦兆文；中国京冶工程技术有限公司胡培林、胡晓晨，衡水学院工程技术学院王占海；大连交通大学管理学院宋艳玉，大连城建设计研究院有限公司靖文飞，北京燕京工程管理有限公司马奉公等。

本教材编写过程中得到了中国工程机械工业协会李守林副理事长、工程机械租赁分会田广范理事长、桩工机械分会刘元洪理事长等业内人士的不吝赐教，一并致谢。

限于时间和能力，教材中难免存在不足之处，敬请广大读者批评指正。

目 录

第一章　行　业　认　知

第一节　产　品　简　史

旋挖钻机在1940年以前首先在美国卡尔维尔特公司问世，1945年之后在欧洲得到发展，1948年意大利迈特公司开始研制，接着在意大利、德国开始快速发展，到了20世纪70年代在日本得到迅猛推广及发展，当时日本称之为回转斗成桩，也叫阿司特利工法（Earth Drill）。

我国在20世纪80年代初从日本引进过工作装置，配装在KH-125型履带起重机上。1984年天津探矿机械厂引进美国RDI公司的旋挖钻机并进行消化吸收。1987年在北京展览馆首次展出了意大利土力公司（SOILMEC）产品，1988年北京城建机械厂根据土力公司的样机开发了1.5m直径的履带起重机附着式旋挖钻机。1994年郑州勘察机械厂引进英国BSP公司附着式旋挖钻机的生产技术，但都没有形成批量生产。1999年徐州工程机械集团自主研发并制造中国第一台全液压履带式旋挖钻机。

第二节　国　内　外　现　状

一、国外现状

旋挖钻机因其效率高、污染少、功能多，在国内外的灌注桩施工中得到广泛应用。尤其是在欧洲和日本等发达国家已经成为大直径钻孔灌注桩施工的主力机型，目前国外生产旋挖钻孔机的公司很多，如德国：Bauer、Liebherr、Delmag、Wirth、Klemm、Smhainco、MGF、Bayshore；意大利：SoilMec、Mait、CMV、Casagrande、IMT、Entego、Trivesoil；俄罗斯：Nasiadlec、Zavod、RevDrill、Uralinvestenergo、Rubtsovsk；日本：日本车辆、日立、住友、加藤、日产、三和机材、竹中、武藏；西班牙：Llamada；瑞典：Sandvik、Skanska；芬兰：Junttan、Tamrock；美国：Calweld、precisiondrilling、reedrill、Texoma、Watson、Williams、WMS、APE、brianperrycivil、canterra、Dawson、Hughes；英国：BSP；法国：Galinet-paris、Benoto；澳大利亚：Imeco、trivesonda、pengo；韩国：Buma；新加坡：Twinwood等。

在国外，大型桩孔和基础施工用钻机的设计充分利用液压传动技术，采用模块化设计，在主机通用的情况下，实现“一机多用”，以满足旋挖钻机对不同施工方法的适应性。

20世纪90年代国外旋挖钻机的控制技术已基本实现智能化，具备发动机和泵的最佳匹配输出控制系统，使发动机转速与液压负载相匹配，从而使发动机有最大输出。在无负载和负载较小时，可以实现对发动机转速的自动控制，从而减少油耗、废气排放量以及降低噪声。能够实时监控桅杆垂直度，实现自动和手动切换，使桅杆的垂直度在一定角度范围内实现自动调整，保证施工钻孔的垂直度，提高施工效率。还具备回转倒土自动控制、钻孔深度测量及显示、车身工作状态动画显示及虚拟仪表显示、故障检测、报警及输入输出显示、整机启动前预先自动检测功能。

近年来，国外主要钻机厂商围绕自拆装、无人操作、施工作业智能化管理、物联网远程交互等技术进行大量研究，并取得较大进展。

二、国内现状

在我国，由于青藏铁路、北京奥运工程、高速铁路及高速公路等国家大型项目的带动，旋挖钻机的研究开发及应用得到了快速发展。国内的一些企业不断通过引进、消化、吸收国外技术，然后再创造，来提高自制旋挖钻机的技术水平与制造质量，市场格局也由进口机一统天下转变为目前的国产机占主导地位。

国内目前生产旋挖钻机的企业主要有徐工基础、三一重工、山河智能、中国中车、中联重科、上海金泰、宇通重工等。

第三节　行　业　趋　势

一、多功能化

能配置多种不同的工作装置进行不同土层或岩层的作业，即钻机采用的是多用途模块式设计可用于以下施工：

（1）大口径短螺旋或旋挖斗回转施工；

（2）动力头套管驱动施工；

（3）动力头套管驱动＋扭矩倍增装置或搓管机施工；

（4）长螺旋施工；

（5）双动力头施工；

（6）潜孔锤施工；

（7）高压旋喷施工；

（8）振动锤施工；

（9）地下连续墙液压抓斗施工。

以上不同工法的施工，只需要选装不同的工作附件，便可做到一机多用，节约使用成本。

二、模块化

随着旋挖钻机技术的日益成熟，其底盘、动力系统、液压传动系统、电气控制系统、工作装置等将向模块化方向发展，以满足市场对旋挖钻机多功能化和快速拆装更换的需要。

三、智能化

旋挖钻机的智能化主要体现在采用先进的控制技术和理论来保证旋挖钻机以最优性能满足施工需要，这涉及机、电、液、地质工程、施工技术、互联网等多个知识领域，钻机智能识别当前施工需求，通过内部程序分析，输出一套最优的作业参数与工作模式。

四、节能环保

节能环保是工程机械发展的永恒话题，随着整个社会环保、节能意识的增强，市场必将需求低能耗、低噪声、低污染的产品。

第四节 从 业 要 求

一、岗位能力

岗位能力主要是指针对某一行业某一工作职位提出的在职实际操作能力。

岗位能力培训旨在针对新知识、新技术、新技能、新法规等内容开展培训，提升从业者岗位技能，增强就业能力，探索职业培训的新方法和途径，提高我国职业培训技术水平，促进就业。

在市场化培训服务模式下，学员可以在住房和城乡建设部主管的中国建设教育协会建设机械职业教育专业委员会的会员定点培训机构，自愿报名注册参加培训学习，考核通过后，取得岗位培训合格证书（含操作证）；该学习培训过程由培训服务市场主体基于市场化规则开展，培训合格证书由相关市场主体自愿约定采用。该证书是学员通过专业培训后具备岗位能力的证明，是工伤事故及安全事故裁定中证明自身接受过系统培训、具备基本岗位能力的辅证；同时也证明自己接受过专业培训，基本岗位能力符合建设机械国家及行业标准、产品标准和作业规程对操作者的基本要求。

学员发生事故后，调查机构可能追溯学员培训记录，社保机构也将学员岗位能力是否合格作为理赔要件之一。中国建设教育协会建设机械职业教育专业委员会作为行业自律服务的第三方，将根据有关程序向有关机构出具学员培训记录和档案情况，作为事故处理和保险理赔的第三方辅助证明材料。因此学员档案的生成、记录的真实性、档案的长期保管显得较为重要。学员进入社会从业，经聘用单位考核入职录用后，还须自觉接受安全法规、技术标准、设备工法及应急事故自我保护等方面的变更内容的日常学习，以完成知识更新。

国家实行先培训后上岗的就业制度。根据最新的住房和城乡建设部建筑工人培训管理办法，工人可由用人单位根据岗位设置自行实施培训，也可以委托第三方专业机构实施培训服务，用人单位和培训机构是建筑工人培训的责任主体，鼓励社会组织根据用户需要提供有价值的社团服务。

国家鼓励劳动者在自愿参加职业技能考核或鉴定后，获得职业技能证书。学员参加基础培训考核，获取建设类建设机械施工作业岗位培训证明，即可具备基础知识能力；具备一定工作经验后，还可通过第三方技能鉴定机构或水平评价服务机构参加技能评定，获得相关岗位职业技能证书。

二、从业准入

所谓从业准入，是指根据法律法规有关规定，从事涉及国家财产、人民生命安全等特种职业和工种的劳动者，须经过安全培训取得特种从业资格证书后，方可上岗。

对属于特种设备和特种作业的岗位机种，学员应在岗位基础知识能力培训合格后，自觉接受政府和用人单位组织的安全教育培训，考取政府的特种从业资格证书。从 2012 年起，工程建设机械已经不再列入特种设备目录（塔吊、施工升降机、大吨位行车等少数几种除外）。混凝土布料机、旋挖钻机、锚杆钻机、挖掘机、装载机、高空作业车、平地机等大部分建设机械机种目前已不属于特种设备，在不涉及特种作业的情况下，对操作者不存在行业准入从业资格问题。

目前旋挖钻机、锚杆钻机等虽不属于住建部发布的特种作业安全监管范畴，但该种设备如果使用不当或违章操作，会造成建筑物、周边设备及设备自身的损坏，对施工人员安全造成伤害。从业人员须经基础知识能力培训合格基础上，经过用人单位审核录用、安全交底和技术交底，获得现场主管授权后，方可上岗操作。

三、知识更新和终身学习

终身学习指社会每个成员为适应社会发展和实现个体发展的需要，贯穿于人的一生的持续的学习过程。终身学习促进职业发展，使职业生涯的可持续性发展、个性化发展、全面发展成为可能。终身学习是一个连续不断的发展过程，只有通过不间断的学习，做好充分的准备，才能从容应对职业生涯中所遇到的各种挑战。

建设机械施工作业的法规条款和工法、标准规范的修订周期一般为 3～5 年，而产品型号技术升级则更频繁，因此，建设行业的施工安全监管部门、行业组织均对施工作业人员提出了在岗日常学习和不定期接受继续教育的要求，目的是为了保证操作者及时掌握设备最新知识和标准规范和有关法律法规的变动情况，保持施工作业者的安全素质。

施工机械设备的操作者应自觉保持终身学习和知识更新、在岗日常学习等，以便及时了解岗位相关知识体系的最新变动内容，熟悉最新的安全生产要求和设备安全作业须知事项，才能有效防范和避免安全事故。

终身学习提倡尊重每个职工的个性和独立选择，每个职工在其职业生涯中随时可以选择最适合自己的学习形式，以便通过自主自发的学习在最大和最真实程度上使职工的个性得到最好的发展。兼顾技术能力升级学习的同时，也要注意职工在文化素质、职业技能、社会意识、职业道德、心理素质等方面的全面发展，采用多样的组织形式，利用一切教育学习资源，为企业职工提供连续不断的学习服务，使所有企业职工都能平等获得学习和全面发展的机会。

第五节　职业道德常识

一、职业道德的概念

职业道德是指所有从业人员在职业活动中应该遵循的行为准则，是一定职业范围内的特殊道德要求，即整个社会对从业人员的职业观念、职业态度、职业技能、职业纪律和职业作风等方面的行为标准和要求。属于自律范围，它通过公约、守则等对职业生活中的某些方面加以规范。

二、职业道德规范要求

建设部于1997年发布的《建筑业从业人员职业道德规范（试行）》中，对操作人员相关要求如下：

1. 建筑从业人员共同职业道德规范

（1）热爱事业，尽职尽责

热爱建筑事业，安心本职工作，树立职业责任感和荣誉感，发扬主人翁精神，尽职尽责，在生产中不怕苦，勤勤恳恳，努力完成任务。

（2）努力学习，苦练硬功

努力学文化，学知识，刻苦钻研技术，熟练掌握本工种的基本技能，练就一身过硬本领。努力学习和运用先进的施工方法，钻研建筑新技术、新工艺、新材料。

（3）精心施工，确保质量

树立"百年大计、质量第一"的思想，按设计图纸和技术规范精心操作，确保工程质量，用优良的成绩树立建安工人形象。

（4）安全生产，文明施工

树立安全生产意识，严格安全操作规程，杜绝一切违章作业现象，确保安全生产无事故。维护施工现场整洁，在争创安全文明标准化现场管理中做出贡献。

（5）节约材料，降低成本

发扬勤俭节约优良传统，在操作中珍惜一砖一木，合理使用材料，认真做好落手清，现场清，及时回收材料，努力降低工程成本。

（6）遵章守纪，维护公德

要争做文明员工，模范遵守各项规章制度，发扬团结互助精神，尽力为其他工种提供方便。

提倡尊师爱徒，发扬劳动者的主人翁精神，处处维护国家利益和集体利益，服从上级领导和有关部门的管理。

2. 中小型机械操作工职业道德规范

（1）集中精力，精心操作，密切配合其他工种施工，确保工程质量，使工程如期完成；

（2）坚持"生产必须安全，安全为了生产"的意识，安全装置不完善的机械不使用，有故障的机械不使用，不乱接乱电线。爱护机械设备，做好维护保养工作；

（3）文明操作机械，防止损坏他人和国家财产，避免机械噪声扰民。

3. 汽车驾驶员职业道德规范

（1）严格执行交通法规和有关规章制度，服从交警的指挥；

（2）严禁超载，不乱装乱卸，不出"病"车，不开"争气"车、"英雄"车、"疲劳"车，不酒后驾车；

（3）服从车辆调度安排，保持车况良好，提高服务质量；

（4）树立"文明行驶，安全第一"的思想；

（5）运输砂、石料和废土等散状物件时，防止材料洒落污损道路。

第二章　设　备　认　知

第一节　设　备　概　述

近年来，旋挖成孔法在我国基础设施建设中得到大量推广应用，使得旋挖钻机使用量大幅增加。特别是国产旋挖钻机的相继成功研制，大大地推动了旋挖钻机的发展和应用。目前，国内各种型号旋挖钻机市场拥有总量约为1万多台。

本书主要以最为常见和广泛使用的履带式旋挖钻机为介绍对象。

第二节　术 语 和 定 义

《旋挖钻机》GB/T 21682—2008规定了履带式、轮式和步履式旋挖钻机及其工作装置的术语。

1. 旋挖钻机

用回转斗、短螺旋钻头或其他作业装置进行干、湿钻进，逐次取土、反复循环作业成孔为基本功能的机械设备。该钻机也可配置长螺旋钻具、套管及其驱动装置、扩底钻斗及其附属装置、地下连续墙抓斗、预制桩桩锤等作业装置。

2. 底盘

除动力头及其支撑导向装置（钻桅或臂架及其附属装置）、钻杆、钻具等装置以外，其他的主体部分。

3. 转台回转角度

当钻桅中心与行走轴线重合时规定转台回转角度为0°，转台向左或者向右回转一定角度时，该角度为转台回转角度。

4. 工作半径

旋挖钻机处于工作状态时，钻杆中心到回转中心的距离。

5. 工作状态

旋挖钻机的钻具以及各种装置装配齐全，并处于可作业的状态。

6. 运输状态

旋挖钻机满足铁路、公路的行驶或运输要求的状态。

7. 工作质量

整机质量（含标准钻杆、钻具等），按规定加注的燃油、液压油、润滑油、冷却液和水的质量以及一名驾驶员质量（75kg）的总和。

8. 运输质量

运输状态时的质量，按规定加注的燃油、液压油、润滑油、冷却液和水的质量的总和。轮式旋挖钻机在公路行驶状态时，应包括一名驾驶员的质量（75kg）。

第三节　旋 挖 钻 机 分 类

旋挖钻机的形式常按动力驱动方式或行走方式的不同进行分类，各形式可以是下述分类中的一种，也可以是下述分类中的不同组合。

一、按动力驱动方式可分为

（1）电动式旋挖钻机；
（2）内燃式旋挖钻机。

二、按行走方式可分为

（1）履带式旋挖钻机；
（2）轮式旋挖钻机；
（3）步履式旋挖钻机。

三、按加压方式可分为

（1）油缸加压式旋挖钻机；
（2）卷扬加压式旋挖钻机。

四、按变幅机构结构可分为

（1）平行四边形变幅机构式旋挖钻机；
（2）大三角变幅机构式旋挖钻机。

第四节　设备构成及工作原理

一、结构

旋挖钻机的结构主要有：底盘、钻桅、变幅机构、主副卷扬、动力头、钻杆、钻头、回转平台、发动机系统、驾驶室、配重、液压系统、电气系统等部分，如图 2-1 所示。

（1）底盘机构。底盘主要由行走机构、履带张紧装置和左右纵梁组成；底盘可采用旋挖钻机专用底盘、履带液压挖掘机底盘、履带起重机底盘、步履式底盘、汽车底盘等形式。

（2）上车部分。上车部分由车架、回转平台、发动机系统、主卷扬总成、驾驶室和配重等组成。

（3）桅杆。桅杆由鹅头、上桅杆、中桅杆、下桅杆、加压油缸等部件组成，它是钻杆、动力头的安装支承部件及其工作进尺的导向机构。

（4）变幅机构。该机构主要由动臂、三脚架、支撑杆、变幅油缸、倾缸等部件组成，通过变幅油缸的作用，可以调节桅杆与车架间的距离，而通过倾缸的作用，可以调节桅杆与水平面间的角度。

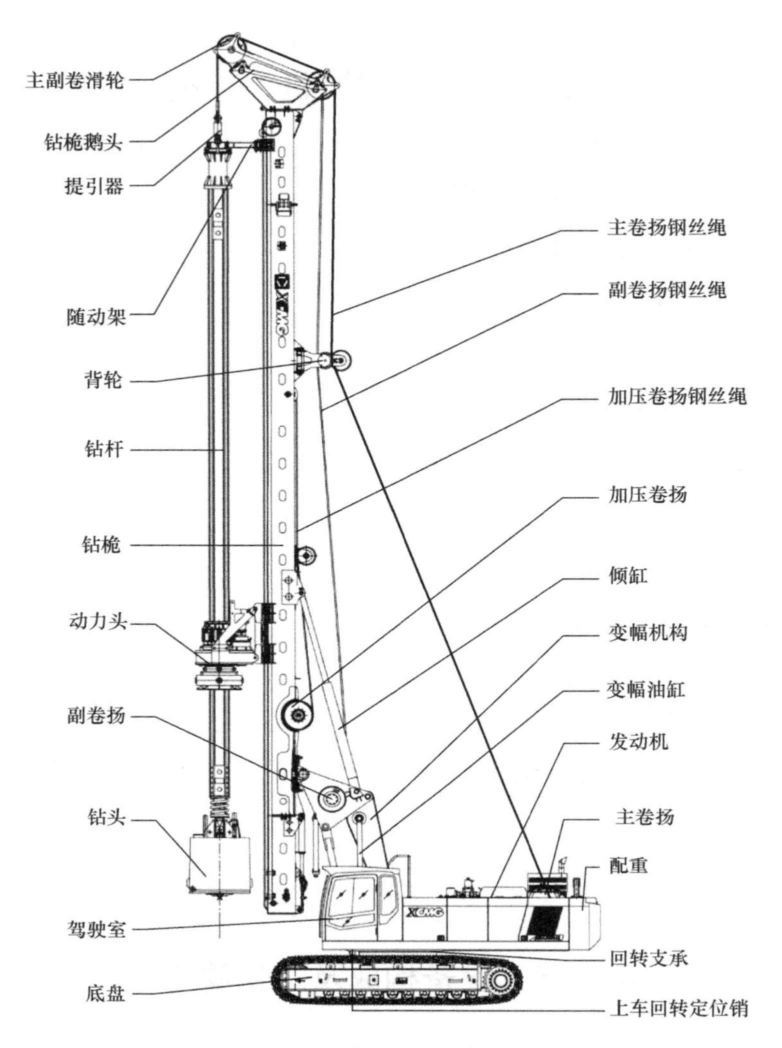

图 2-1　旋挖钻机基本组成

（5）动力头。旋挖钻机动力头是指旋挖钻机钻孔作业时驱动动力头回转进给从而带动钻杆和钻头工作的整个动力驱动装置，主要由液压马达、减速机、动力头箱体、减振器、驱动轴、承撞体、托架等件组成。

（6）钻杆总成。钻杆总成由钻杆、回转支承、导向架、提引器、销轴、垫圈等零部件组成。其中钻杆是一个关键部件，主要承担着连接钻头和主卷钢丝绳，且在全长伸缩范围内，把动力头的作用力传递至钻头，以实现对地层旋挖作业的功能。市场上常用的钻杆有两种：摩阻式钻杆和机锁式钻杆。

（7）钻具。根据不同施工场地，不同地层，用户可选配不同的钻头，以保证钻进效率。一般情况下，每台钻机都需同时配套几种不同形式的钻头。目前，市场上主要使用的钻头可分为旋挖钻斗、螺旋钻头、筒式钻头和扩底钻头等。

（8）液压系统。旋挖钻机的液压系统主要由液压系统回路、辅助液压系统回路、先导系统回路和冷却系统等部分组成。

（9）电气系统。电气系统主要功能有发动机启动、熄火监测、发动机转速自动控制、桅杆角度监测、报警、钻孔深度监测、调整、故障监测、建议钻进参数、GPS定位系统、触摸屏显示系统和系统报警等。

二、液压基础原理与装置构成

（一）液压原理

液压传动：是以液体为介质，通过驱动装置将发动机的机械能转换为液体的压力能，然后通过管道、液压控制及调节装置等对液压的压力能进行传递和控制，借助执行装置，将液体的压力能转换为机械能，驱动负载实现直线或回转运动的传动方式。

根据帕斯卡原理，在密闭容器内，施加于静止液体上的压力将以等值同时传递到液压各点。如图2-2所示，大活塞面积为小活塞面积100倍，如果向小活塞上施加1kg的力，那么传递到大活塞上的力就变为100kg。因此，施加在面积小的活塞上的力在面积大的活塞上会成比例放大。在同等体积下，这种液压传动装置比机械传动装置产生更大的动力，结构简单紧凑，并且液压传动容易控制液体压力、流量及流动方向，因而在工程机械中被广泛应用。

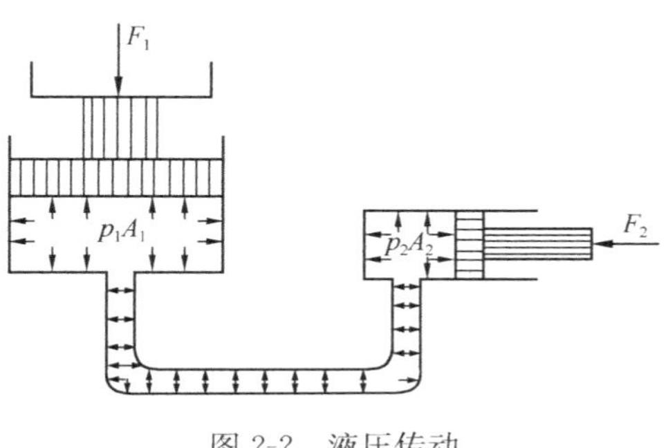

图2-2 液压传动

液压装置（图2-3）主要由以下五部分组成：

（1）动力装置　它供给液压系统压力，并将发动机输出的机械能转换为油液的压力能，从而推动整个液压系统工作。常见的液压泵主要分为齿轮泵、叶片泵、柱塞泵、螺杆泵。

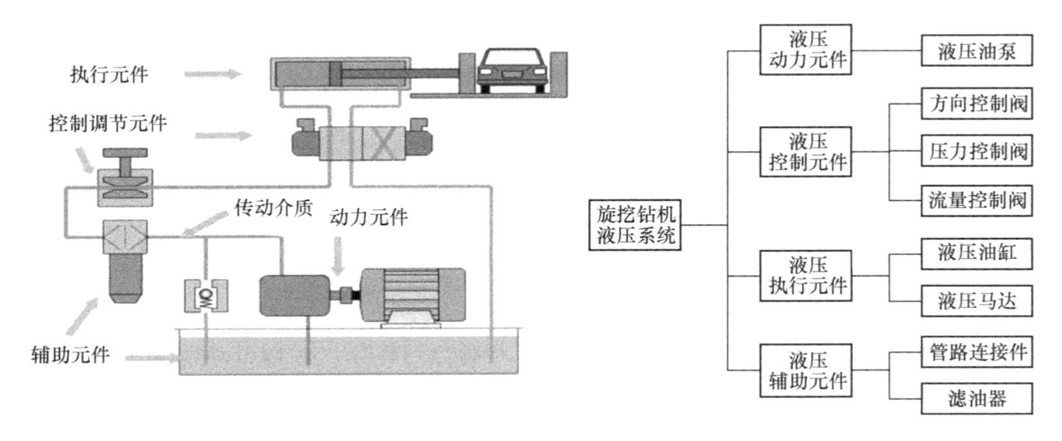

图2-3 液压装置

（2）执行元件　它包括液压缸和液压马达，用以将液体的压力能转换为机械能，以驱动工作部件运动。

（3）控制调节装置　包括各种阀类，如压力阀、流量阀和方向阀等。用来控制液压系统的液体压力、流量（流速）和液流的方向，以保证执行元件完成预期的工作运动。

（4）辅助装置　指各种管接头、油管、油箱、过滤器和压力计等。它们起着连接、储油、过滤、储存压力能和测量油压等辅助作用，以保证液压系统可靠、稳定、持久地工作。

（5）工作介质　指在液压系统中，承受压力并传递压力的油液。

与机械传动、电气传动相比，液压传动具有以下优点：

（1）液压传动的各种元件，可以根据需要方便、灵活地来布置。

（2）重量轻、体积小、运动惯性小、反应速度快。

（3）操纵控制方便，可实现大范围的无级调速（调速范围达 2000∶1）。

（4）可自动实现过载保护。

（5）一般采用矿物油作为工作介质，相对运动面可自行润滑，使用寿命长。

（6）很容易实现直线运动。

（7）很容易实现机器的自动化，当采用电液联合控制后，不仅可实现更高程度的自动控制过程，而且可以实现遥控。

液压传动的缺点：

（1）由于流体流动的阻力和泄漏较大，所以效率较低。如果处理不当，泄漏不仅污染场地，而且还可能引起火灾和爆炸事故。

（2）由于工作性能易受到温度变化的影响，因此不宜在很高或很低的温度条件下工作。

（3）液压元件的制造精度要求较高，因而价格较贵。

（4）由于液体介质的泄漏及可压缩性影响，不能得到严格的传动比。

（5）液压传动出故障时不易找出原因，使用和维修要求有较高的技术水平。

（二）液压装置

1. 液压泵

液压泵是把机械能转化为液压能的装置。通过内燃机或电机提供给液压泵一定的转速和功率，然后由泵输出一定流量和压力的液压油。按运动部件的形状和运动方式分为齿轮泵、叶片泵、柱塞泵、螺杆泵，齿轮泵又分外啮合齿轮泵和内啮合齿轮泵，叶片泵又分双作用叶片泵和单作用叶片泵，柱塞泵又分径向柱塞泵和轴向柱塞泵。按排量能否改变分定量泵和变量泵，单作用叶片泵，径向柱塞泵和轴向柱塞泵可以作变量泵。

旋挖钻机主、副系统具有负载大、功率大的特点，使用的泵一般为柱塞泵，散热系统、先导系统及补油系统等具有负载小、功率较小的特点，因此一般选用齿轮泵。

（1）齿轮泵

按结构不同，齿轮泵分为外啮合齿轮泵和内啮合齿轮泵，而以外啮合齿轮泵应用最广。齿轮泵工作原理很简单，如图 2-4 所示，外齿轮泵就是一个主动轮一个从动轮，两个齿轮参数相同，在一个泵体内做旋转运动。在这个壳体内部形成类似一个“8”字形的工作区，齿轮的外径和两侧都与壳体紧密配合，传送介质从进油口进入，随着齿轮的旋转沿壳体运动，从出油口排出，最后将介质的压力能转化成机械能进行做功。

齿轮泵的特点：

1）体积小，重量轻。

2）结构简单，耐用。

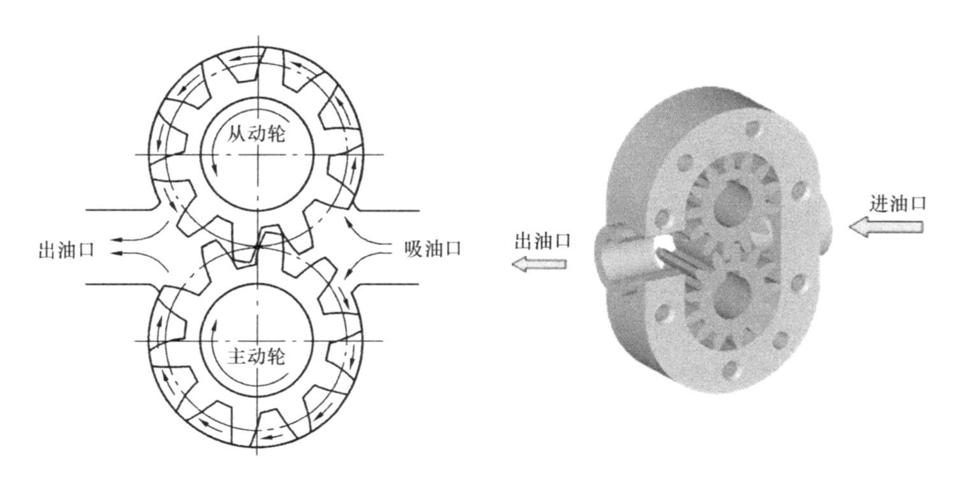

图 2-4 齿轮泵工作原理图

3）故障较少，容易维护 。

4）无法实现高压，大流量。

（2）柱塞泵

利用柱塞在泵缸体内作直线往复运动，使柱塞与泵壁间形成的密闭容积发生改变，反复吸入和排出液体并增高其压力的泵。如图 2-5 所示，其原理类似注射器，但是结构却比注射器复杂得多而且能提供的压力也更大。

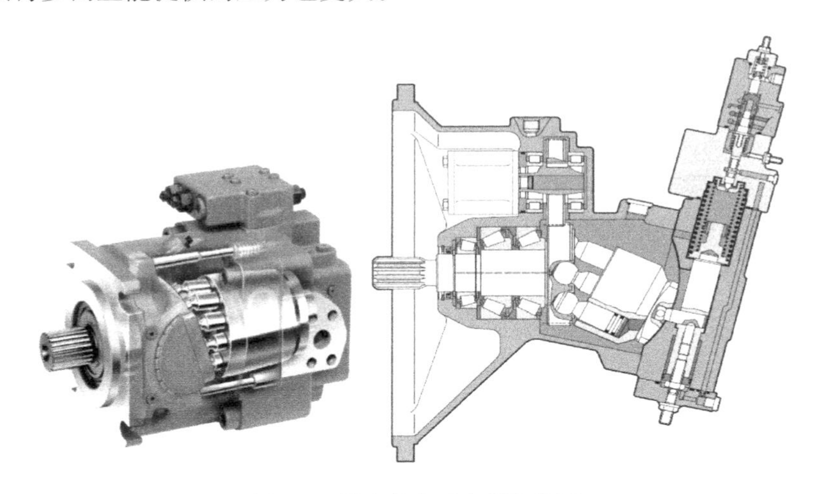

图 2-5 轴向柱塞泵内部结构图

柱塞泵的特点：

1）容积效率高、输出压力高；

2）可输出大流量液压油，且脉动较小；

3）易于实现排量调节；

4）结构复杂，零件数目较多。

2. 执行元件

把液压能转化为机械能的装置。分为液压油缸和液压马达。液压马达输出一定速度

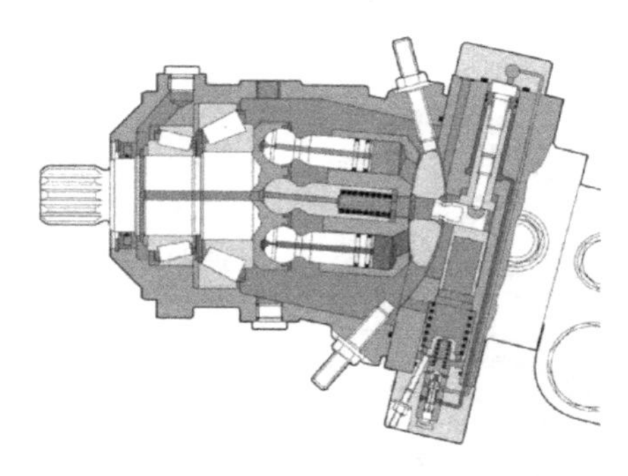

图 2-6　轴向柱塞马达的内部结构图

（转速）的力（扭矩）。对于液压油缸，作直线往复运动，输出力和位移。

液压马达的结构和液压泵类似，但液压马达（图 2-6）是将油液的压力能转换成机械能，使主机的工作部件克服负载及阻力而产生旋转运动。旋挖钻机上主要使用柱塞马达。

液压缸是一种将液压油的压力能转换为机械能以实现直线运动的能量转换装置，可分为单作用缸和双作用缸。旋挖钻机上使用双作用式单杆活塞缸，如图 2-7 所示，通过改变进出油口，可使活塞杆实现往复运动。

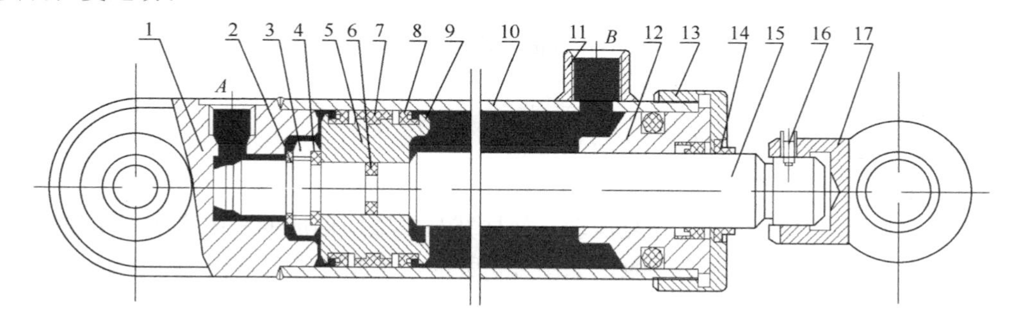

图 2-7　双作用单活塞杆液压缸

1—缸底；2—弹簧挡圈；3—套环；4—卡环；5—活塞；6—O 形密封圈；7—支承环；8—挡圈；9—Yx 形密封圈；10—缸筒；11—管接头；12—导向套；13—缸盖；14—防尘圈；15—活塞杆；16—定位螺钉；17—耳环

3. 液压阀（控制调节装置）

用于控制油液压力、流动方向和液流速度的控制元件。按功能分为压力阀、流量阀和方向阀。在液压系统中，将液压阀有机地连接在一起，组成各种液压回路。

液压阀的分类，见表 2-1。

液压阀的分类　　**表 2-1**

分类方法	种类	详细分类
按机能分类	压力控制阀	溢流阀、顺序阀、卸荷阀、平衡阀、减压阀、比例压力控制阀、缓冲阀、仪表截止阀、限压切断阀、压力继电器
	流量控制阀	节流阀、单向节流阀、调速阀、分流阀、集流阀、比例流量控制阀
	方向控制阀	单向阀、液控单向阀、换向阀、行程减速阀、充液阀、梭阀、比例方向阀
按结构分类	滑阀	圆柱滑阀、旋转阀、平板滑阀
	座阀	椎阀、球阀、喷嘴挡板阀
	射流管阀	射流阀
按操作方法分类	手动阀	手把及手轮、踏板、杠杆
	机动阀	挡块及碰块、弹簧、液压、气动
	电动阀	电磁铁控制、伺服电动机和步进电动机控制

续表

分类方法	种类	详细分类
按连接方式分类	管式连接	螺纹式连接、法兰式连接
	板式及叠加式连接	单层连接板式、双层连接板式、整体连接板式、叠加阀
	插装式连接	螺纹式插装（二、三、四通插装阀）、法兰式插装（二通插装阀）
按其他方式分类	开关或定值控制阀	压力控制阀、流量控制阀、方向控制阀
按控制方式分类	电液比例阀	电液比例压力阀、电源比例流量阀、电液比例换向阀、电流比例复合阀、电流比例多路阀三级电液流量伺服阀
	伺服阀	单、两级（喷嘴挡板式、动圈式）电液流量伺服阀、三级电液流量伺服阀
	数字控制阀	数字控制压力控制流量阀与方向阀

（1）压力控制阀

压力是液压传动的基本参数之一，为使液压系统适用各种要求，需要对油液的压力进行控制。压力控制阀就是根据油液压力而动作的控制阀，如溢流阀、减压阀、平衡阀等。

1）溢流阀（安全阀）

当液压回路的压力超过规定值时，部分或全部的液压油将从溢流阀返回油箱，使系统压力不会持续增高，从而保护泵和其他元件不致损坏，起到安全作用，故又称安全阀（图2-8）。

2）减压阀

当液压系统的不同回路所需要的压力不同时，则采用减压阀（图2-9）。在旋挖钻机的液控先导手柄其核心就是一个减压阀。

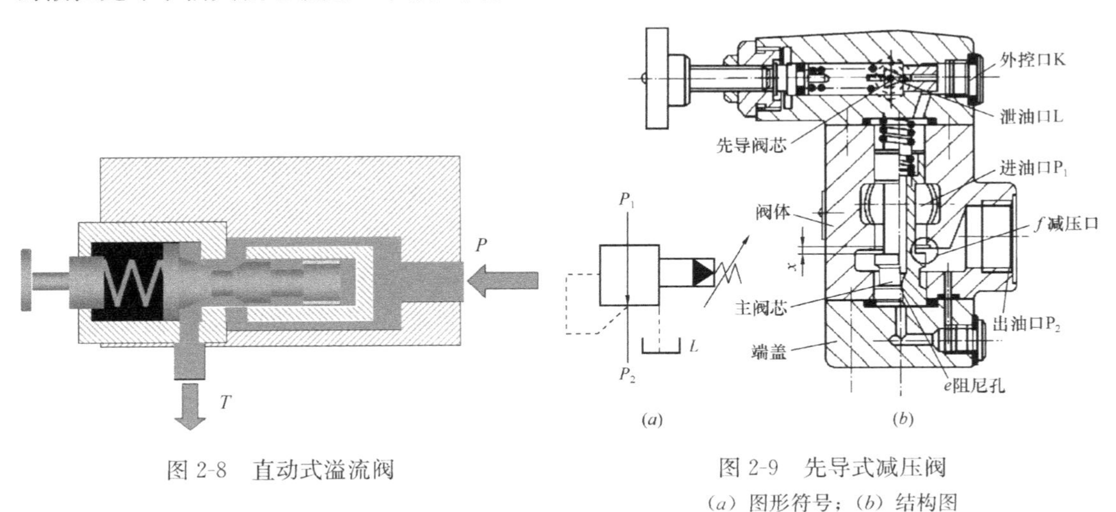

图2-8　直动式溢流阀

图2-9　先导式减压阀

（a）图形符号；（b）结构图

3）平衡阀

平衡阀（图2-10）是工程机械中使用较多的一种阀，对改善某些机构的使用性能起到不可忽视的作用。例如，在旋挖钻机的行走系统中设置平衡阀防止超速下滑，并保持启动和停止平稳。

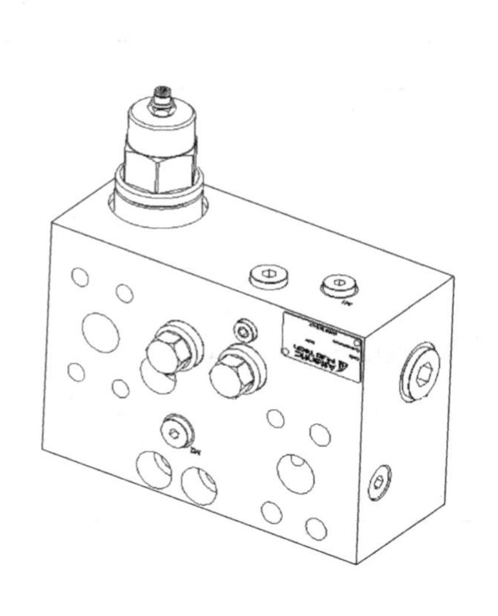

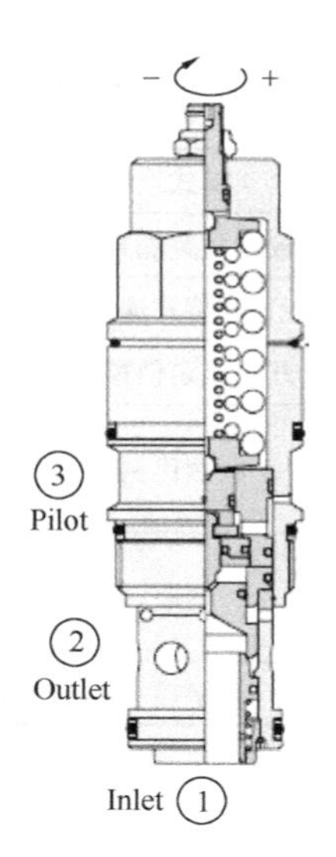

图 2-10　平衡阀及其插芯

（2）流量控制阀

流量控制阀（图 2-11）通过改变通流面面积的大小来调节流量，达到调节执行装置运动速度的目的。

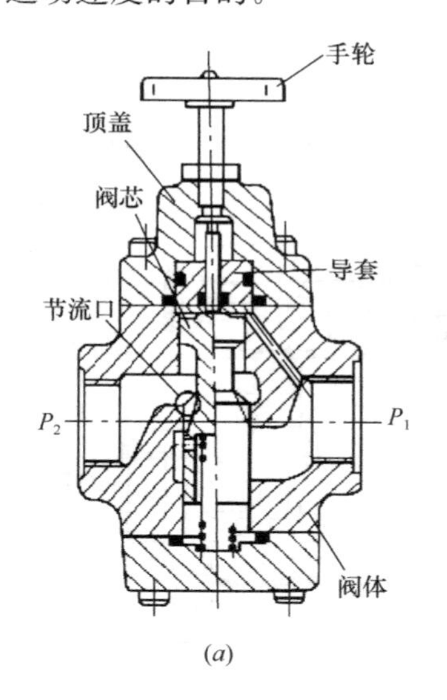

(b)

图 2-11　手动调节式节流阀

（a）结构图；（b）图形符号

（3）方向控制阀

方向控制阀在液压系统中，用于控制油液的流动方向，按功用不同，分为换向阀和单向阀两大类。

1）换向阀（控制阀）

换向阀（图 2-12）利用阀芯相对于阀体的相对运动，使油路接通、关闭或变换油流的方向，从而使执行装置启动、停止或变换运动方向。

2）单向阀

单向阀（图 2-13）可以保证通过阀的液压油只能在一个方向流动，而不会反向流动。

（三）辅助装置

1. 油箱

油箱（图 2-14）的功能主要是储存油液，此外还起着散发油液中的热量（在周围环境温度较低的情况下则是保持油液热量）、释放混在油液中的气体、沉淀油液中污染物作用。

2. 滤油器

滤油器的功能是过滤混在油液中的杂质，使进入系统的油液的污染度降低，保证液压系统正常工作。

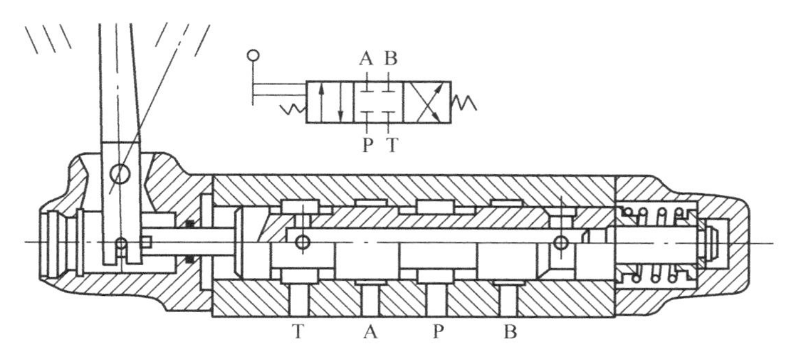

图 2-12 三位四通手动换向阀

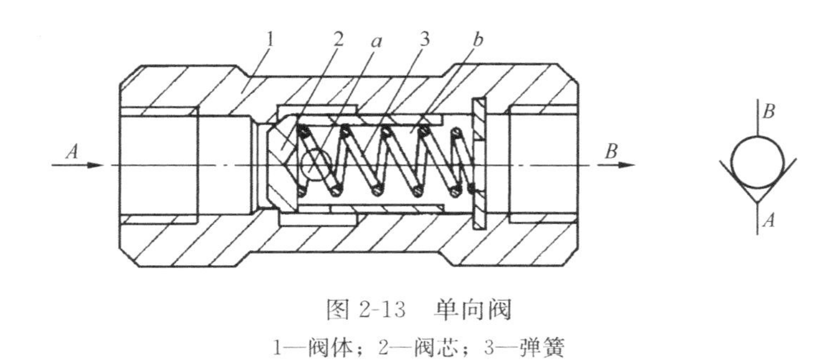

图 2-13 单向阀

1—阀体；2—阀芯；3—弹簧

3. 油液冷却器

液压系统运行一段时间后，液压系统油温逐渐升高，油温过高会引起各种故障。为此需要设置液压油冷却器（图 2-15），保证液压系统的正常工作，延长液压系统的使用寿命。

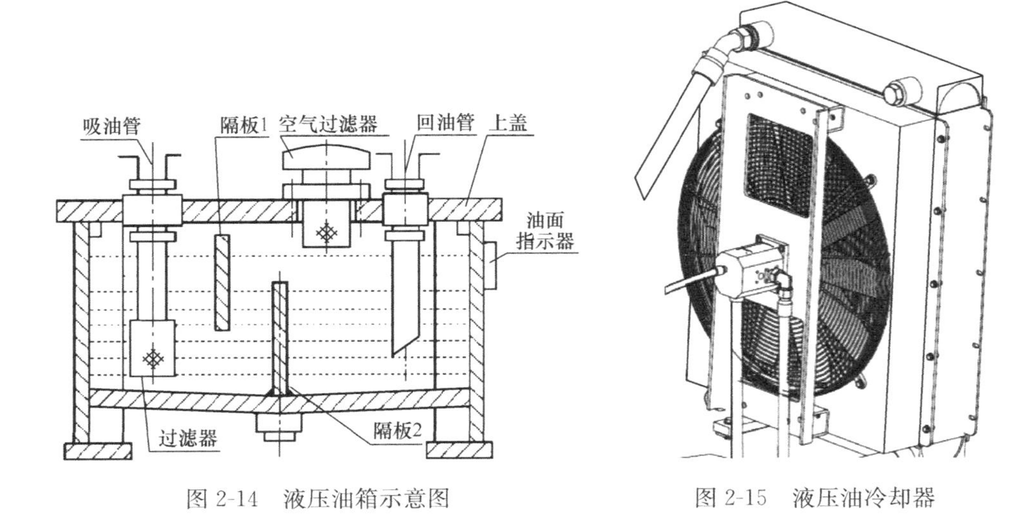

图 2-14 液压油箱示意图

图 2-15 液压油冷却器

4. 中心回转接头

旋挖钻机需将装在回转平台上的液压泵的压力油输送到下部行走马达，而行走马达的

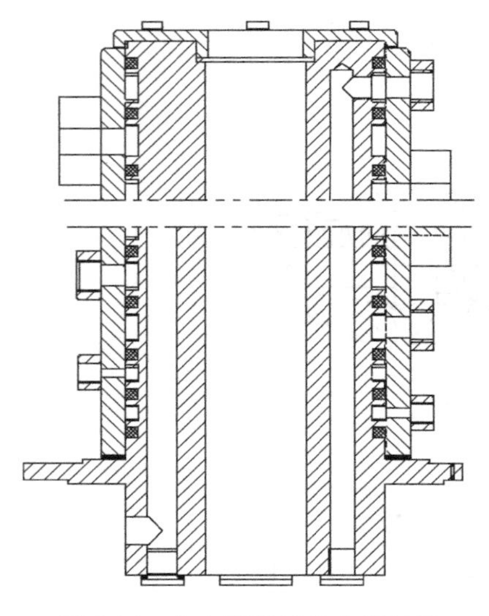

图 2-16　中心回转接头内部结构

回油则要返回上部回转平台上的油箱。上部回转平台和下部行走体之间通过中心回转接头（图 2-16）实现工作连接和动作协调，以避免旋挖钻机回转时造成软管的扭曲和摩擦。

5. 液压油

在液压系统中，液压油是传递力和信号的工作介质。同时，液压油还具有润滑、冷却和防锈等作用。液压系统是否能够可靠、有效地工作，在很大程度上取决于所使用液压油的品质、性能和清洁度。

（1）对液压油的要求

旋挖钻机经常露天工作，工况和工作负荷复杂而多变，因此所选用的液压油应符合下列要求：

1）具有合适的黏度，且油液黏度受温度变化的影响较小；

2）凝点较低，低温流动性好；

3）物理和化学性能稳定；

4）具有良好的润滑性能和抗磨性能；

5）防锈性好、腐蚀性小；

6）与各种密封件具有良好的相容性，对密封材料的影响要小；

7）质地纯净，杂质少。

总之，所使用的液压油必须符合旋挖钻机使用说明书或制造厂家的要求。

（2）对液压油污染度的控制

实践证明，液压油的污染是旋挖钻机等液压设备发生故障的主要原因，它严重影响着液压系统的可靠性以及元件的寿命。因此，严格地控制液压油污染度是非常重要的，操作人员应该采取如下措施：

1）定期更换滤油器滤芯；

2）排除滤油器壳体内的污染物；

3）定期排放液压油箱内的污染物；

4）补充或更换液压油时，防止杂质或异物进入系统。

操作人员对液压油污染度的目测判断与处理措施，见表 2-2。

液压油污染的目测判断与处理措施基准　　**表 2-2**

外观颜色	气味	状态	处理措施
透明，但颜色变淡	正常	混入其他油液	检查黏度，若符合要求，可继续使用
变成乳白色	正常	混入空气和水	换油
变成黑褐色	有臭味	氧化变质	换油
透明但有小黑点	正常	混入杂质	过滤后使用或换油
起泡	—	混入润滑脂	换油

（四）液压原理中的液压符号

在液压系统中，工作原理图是按照国家标准规定的符号绘制，即系统中的各种液压元件均由职能符号表示，学习者应熟悉液压系统各种元件符号的表示方法（图 2-17）。

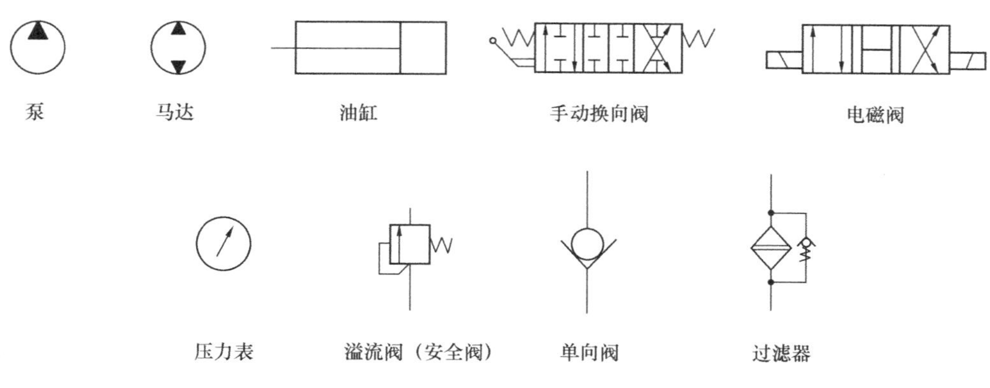

图 2-17　常用液压图形符号

（五）旋挖钻机液压系统简介

旋挖钻机采用全液压控制驱动，由柴油发动机向液压泵提供动力，使液压泵输出液压油通过液压控制阀向马达或油缸输入液压油，马达或油缸驱动执行机构完成各项动作。旋挖钻机液压系统按模块可分为主系统、副系统（图 2-18）、先导控制系统，主要工作装置主要分为动力头马达减速机、主卷扬马达减速机、回转马达减速机、加压油缸、倾缸及变幅油缸。

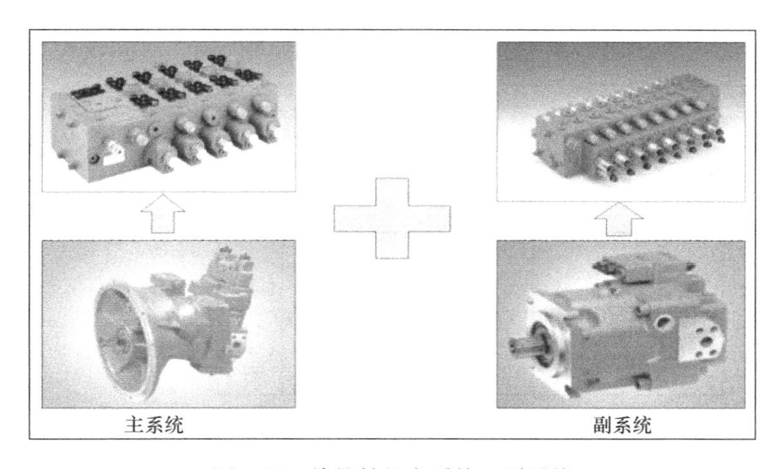

图 2-18　旋挖钻机主系统、副系统

（1）主系统

主系统为负载敏感控制系统，该系统主要由力士乐 A8VO 变量双泵和 M7 阀组成（图 2-19）。这种回路的特点是泵出口压力与负载压力间保持固定的压力差，由于阀进、出口的压差不变，流量只与阀芯节流口的开度呈线性关系，负载压力变化对流量没有影响。同时，A8VO 变量双泵为恒功率泵，通过功率越权控制，使液压系统与发动机实现最佳功率匹配。M7 阀的 LUDV 功能能实现执行器复合动作时流量分配不受负载影响，如果系统内发生流量不足，即液压泵所能提供的流量不能满足各执行器的速度需求时，流量能按比例分配到各执行器，保证各执行器都有动作。在本系统中，通过 M7 阀向行走马达、回转马达、动力头马达和主副卷扬马达等执行元件供油。M7 阀的控制方式为液压先导控制，驾驶员通过先导手柄控制阀芯开启，从而实现整机动作。

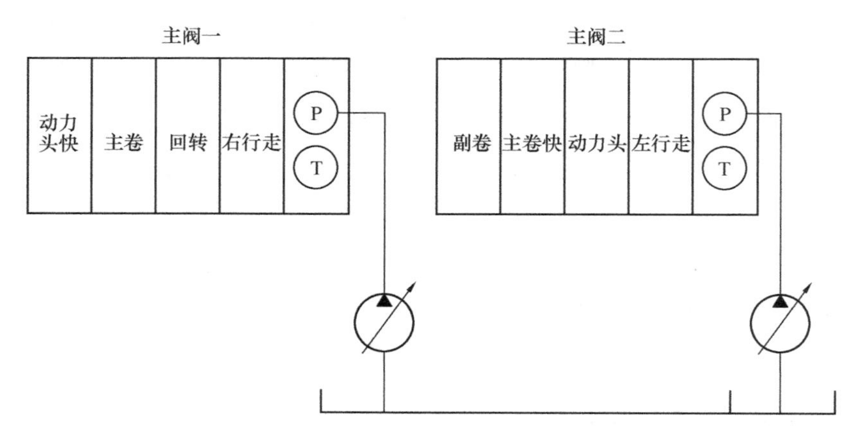

图 2-19　旋挖钻机液压主系统示意图

（2）副系统

副系统是负载敏感控制系统，动力部件采用力士乐 A10VO 开式变量泵，控制部件采用 M4 阀（图 2-20）。这种回路与主系统具有同样的优点。在本系统中，M4 阀向加压缸、变幅缸、支腿油缸、履带伸缩缸、倾缸等执行元件供油。其中加压缸、变幅缸、支腿油缸，履带伸缩缸均采用液压控制，左右倾缸采用电液比例控制，可实现桅杆自动调垂直的功能。

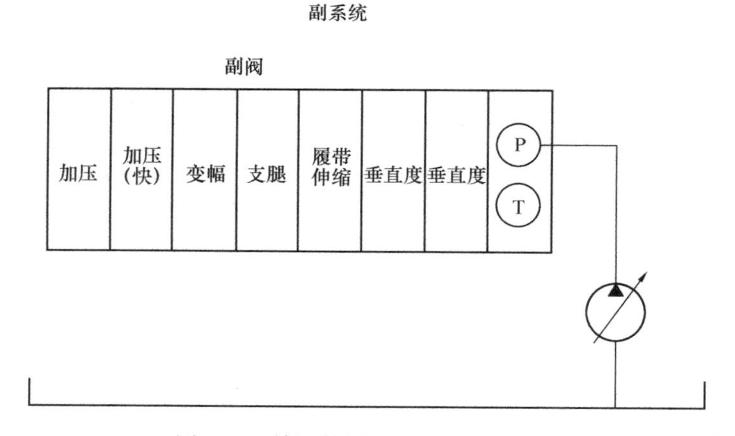

图 2-20　旋挖钻机液压副系统示意图

（3）先导控制系统

先导控制部分是液压系统的重要组成部分，如图 2-21 所示，操作者通过操纵驾驶室内的手柄就可以控制旋挖钻机各执行动作，如动力头旋转，主卷扬提放。驾驶室内的按键，旋钮用于控制旋挖钻机各功能的切换或限制，如“主卷扬”“副卷扬”切换，“加压”“变幅”切换，加压限压等。

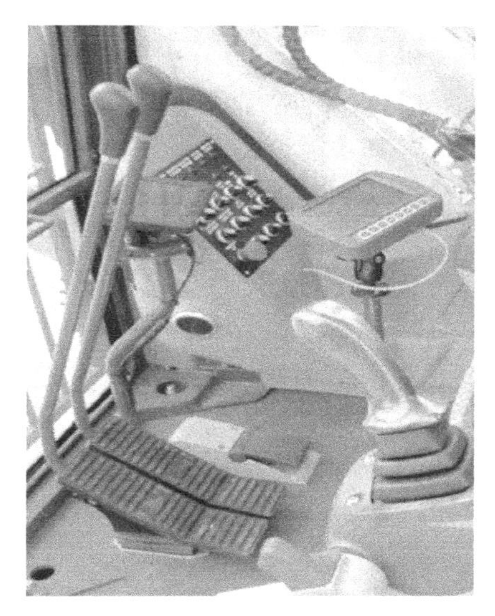

图 2-21 旋挖钻机先导系统

（4）工作装置

旋挖钻机工作装置的执行元件为马达和液压缸。马达通过减速机与机械结构相连，可以降低机械的转动速度，提高输出扭矩。减速机制动器在制动口无压力时，产生机械锁紧，防止机械下滑。工作时，必须在制动口上通液压油，将制动器打开。每个马达上均有泄漏油口，通过胶管接回油箱，泄漏口不允许有背压存在。为防止马达气蚀，回转、主卷扬及动力头的马达均接有补油管。马达上装有平衡阀，防止负载时失速，同时可进行液压制动。具体执行元件如下：

1）左、右行走马达减速机：由马达、平衡阀与减速机（图 2-22）组成。通过中心回转接头将主阀出油口与马达油口连接在一起。

2）动力头马达减速机：由 3 组相同的马达与减速机（图 2-23）组成。动力头马达为变量马达，当负载小、马达压力较低时，马达排量减小，动力头转速增大，输出扭矩减小；当负载大、马达压力较高时，马达排量变大，使转速变小，输出扭矩增大。

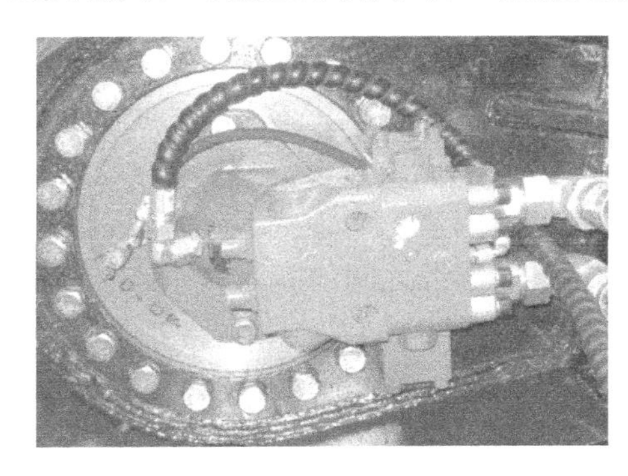

图 2-22 行走马达减速机

图 2-23 动力头马达减速机

图 2-24　主卷扬马达减速机及平衡阀

3）主卷扬马达减速机：由定量马达、平衡阀与减速机组成（图 2-24）。

4）回转马达减速机：由定量马达、回转缓冲阀与减速机组成。

5）油缸执行元件：油缸是液压系统中的一种执行元件，其功能就是将液压能转变成直线往复式的机械运动。油缸上装有平衡阀，有两个作用：一是负载时起平衡作用，防止负载时失速；二是在油缸不工作时，起液压锁的作用，防止油缸沉降。具体执行元件如下：钻桅倾缸两件，装有双向平衡阀；变幅油缸两件，装有双向平衡阀；加压油缸一件，装有单向平衡阀（图 2-25）。

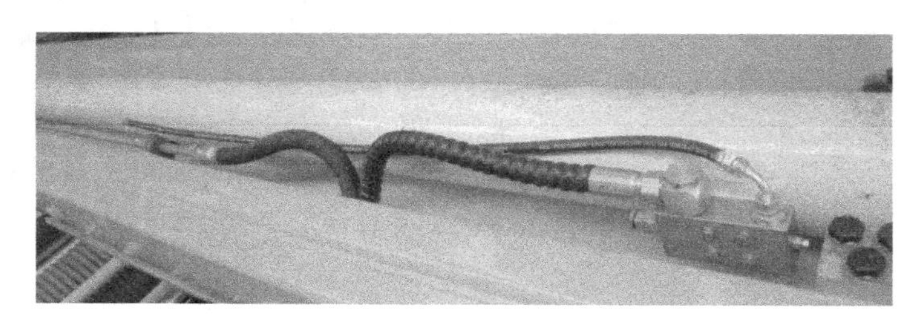

图 2-25　加压油缸及平衡阀

三、电气系统及其组成

旋挖钻机的电气系统是指针对旋挖钻机而设计的电气设备控制回路，具体地说就是由若干电气元件组合，用于实现对旋挖钻机某个或某些对象的控制，从而保证被控设备安全、可靠地运行，其主要功能有：自动控制、保护、监控和测量等。

其实旋挖钻机并不复杂，按照设计思想来划分，其电气系统主要包括原理图、线束以及部件总成三个部分。

1. 原理图

原理图是用来表明设备电气的工作原理及各电器元件的作用，相互之间的关系的一种表达方式。精确绘制电气原理图对于分析电气线路，排除故障时十分有益的。

2. 线束

线束是为终端负载元件供电的电信号载体，是由多根电缆捆扎组成的。线束在设计和制作过程中是有着十分严格的要求，目前旋挖钻的电气故障中 70％的故障与线束的设计和质量有关，因此线束也是电气系统设计时较为关键的因素。

线束的常见故障有：接插件进水导致的接触不良、导线之间的断路、短路、搭铁等。

产生的原因主要有以下几个方面：

（1）自然损坏

线束使用超过使用期，电线老化，表面绝缘层破裂，抗拉、抗折弯强度显著下降，电线内部导体之间或内部导体与结构件之间的连接短路，线束起火烧毁。

（2）由于电气设备的故障造成线束损坏

由于设计不当，系统运行过程中电气设备发生过载或短路，导致系统电流迅速增加，当这个电流超过了线束的载流峰值就会引起线束烧毁。

（3）人为故障

装配或者检修零部件时，结构件或液压管路与线束挤压导致线束表面绝缘层破裂；蓄电池线路接反；检修故障时操作随意，剪断的电源线路包扎不实且未用绝缘胶带等都会引起电气系统线束故障。

3. 部件总成

部件总成是对电器元件安装数量、位置及其方法的说明。按照器件安装位置可划分为：电控箱、发动机接线总成、驾驶室电气总成、平台电气总成、监控报警系统总成、钻桅电气总成、液压油箱电气总成、燃油箱电气总成、动力头电气总成、预热电气总成。

（1）电控箱

电控箱是旋挖钻机电气系统的最主要部件，中枢控制器就安装在电控箱里。

如图 2-26 所示，控制箱的主要组成部分为：箱体、行线槽、接线端子、保险丝、继电器、保险丝底座、控制器、功能表。

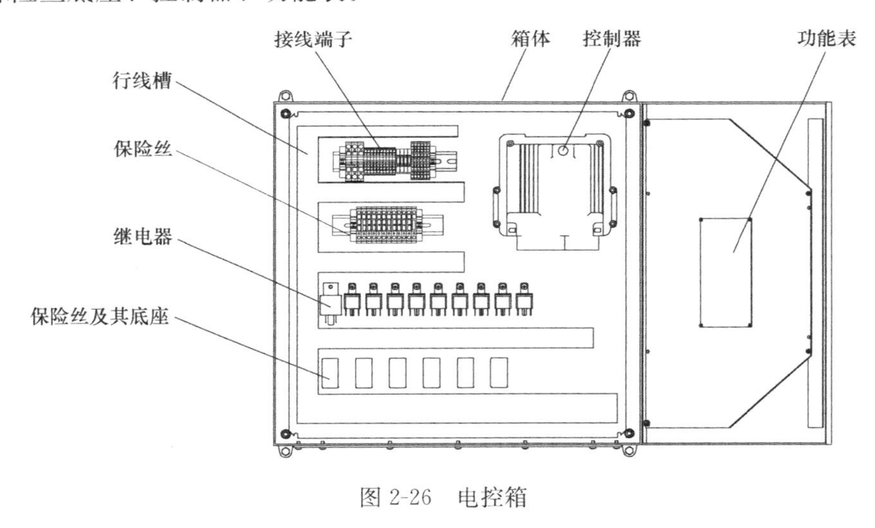

图 2-26 电控箱

箱体大小的选择并无特殊规定，主要依靠设计人员经验以及钻机内部允许空间来进行选择。

接线端子是线路的检测和连接器件，主要包括电源线、信号线、CAN 总线以及地线，同时在维修电路时可以直接检测接线端子处电信号来判断故障原因。

行线槽是线束的固定器件，在安装时要求线束美观地固定在行线槽内，同时不允许线束存在折弯和打结等现象。

保险丝选用的是插片式保险，这种保险丝在发生故障时便于观察，同时维修和更换方便，适用载流值在 20A 以下的电路中。对于空调这种电路载流较高的器件一般选用熔断值较高的熔断式保险丝及其安装底座。

继电器是一种电控器件，是输入量的变化达到要求时，在电气输出电路中使被控量发

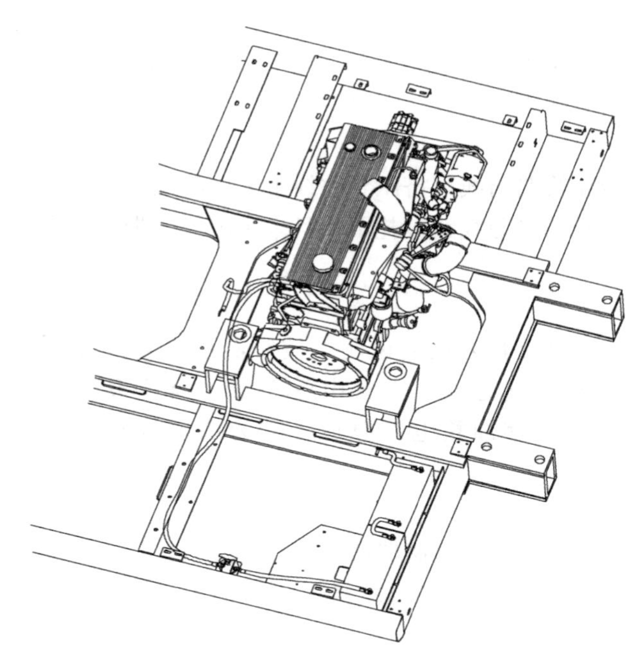

图 2-27　发动机接线图

生预定阶跃变化的一种元件，实际上就是用小电流去控制大电流运作的一种“自动开关”，在电路中起到了自动调节、安全保护和转换电路的作用。

控制器是旋挖钻机的电气核心部件，所有的动作都由控制器发出的电信号指令而实现的，因此工作时要注意控制器的保养，定期检查控制器的接插头是否松动，警惕电控箱进水和高温。

功能表是描述电控箱内部各保险丝和继电器控制功能的明细表，如出现故障用户可根据功能表的描述迅速寻找到故障点，方便故障排查。

（2）发动机接线总成

发动机在打火时需要组成一个外围启动回路，这个回路由 5 根 $70mm^2$ 的电源线组成：电瓶负极接地线、电瓶连接线、电瓶正极至安全开关接线、发动机正极至安全开关接线、发动机接地线。连接方法如图 2-27 所示。因为这个电气回路连接电瓶电源，需要经常的检查和维护。

（3）驾驶室电气总成

驾驶室电气在旋挖钻机工作时操作最为频繁，其设计和器件选型直接影响到主机性能、可靠性和客户体验。一般来说驾驶室电气都会包括：显示器、监视器、左右控制箱、控制面板、空调及收音机、钥匙开关和倾缸手柄等。如图 2-28 所示。工作时，用户可以直接读取和操作显示器获取旋挖钻机的详细工作信息。

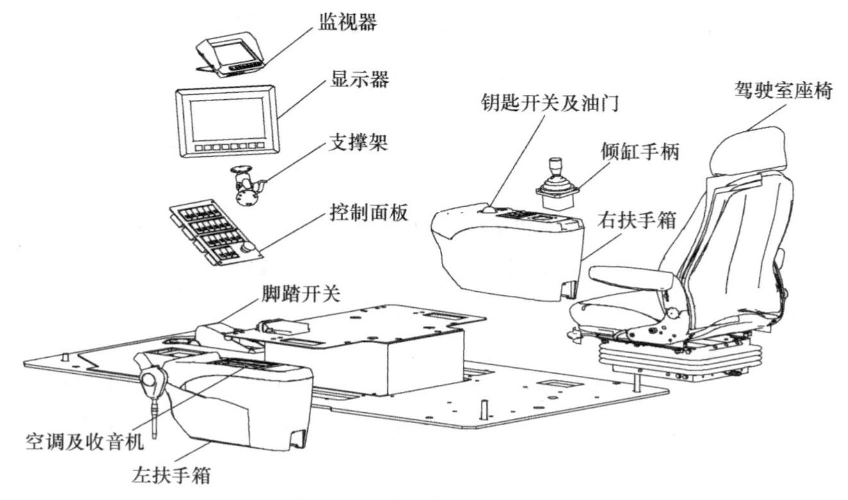

图 2-28　驾驶室电气总成

(4) 平台电气总成

平台电气总成主要包括压力传感器、工作灯、限位器件、喇叭、压力开关等。如图 2-29 所示。

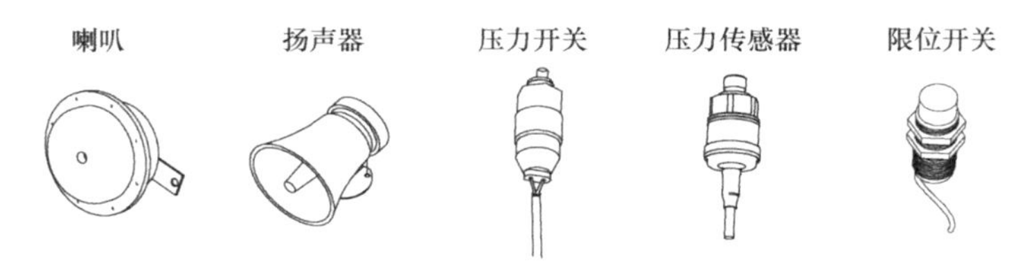

图 2-29 平台电气总成器件

(5) 监控报警电气总成

监控报警电气总成主要包括对卷扬钢丝绳的监控和回转、行走动作是的报警两个方面。如图 2-30 所示。

旋挖钻机由于长时间工作，钢丝绳会变形导致乱绳、挤压等现象，因此工作时监视器要切换到观看主卷钢丝绳状态的画面上进行实时监测；如果旋挖钻机进行回转或者行走操作时，为了避免出现视觉盲区，需要把监视器切换到观测钻机后侧场地的画面上。

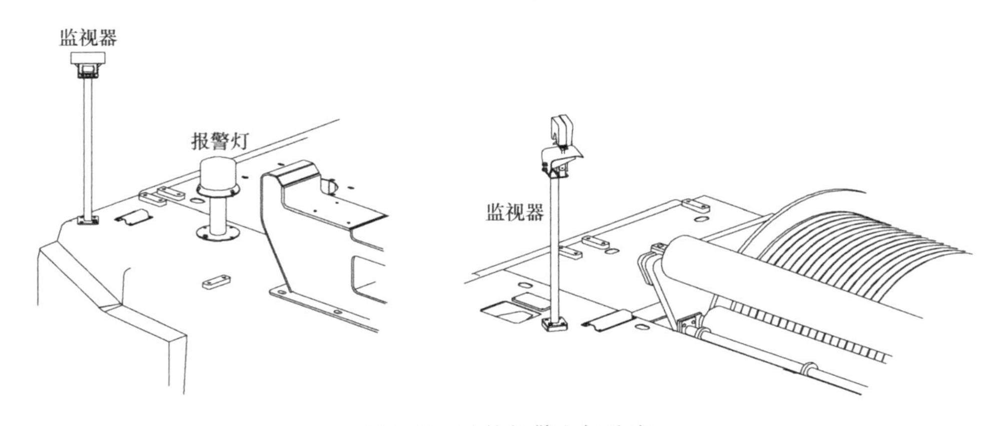

图 2-30 监控报警电气总成

(6) 钻桅电气总成

钻桅是旋挖钻机重要的工作装置，钻桅的垂直度直接影响了成桩质量及施工效率，因此钻桅上安装了几个重要的传感器分别是：倾角传感器、角位移传感器以及高度限位传感器。如图 2-31 和图 2-32 所示。

倾角传感器是检测钻桅垂直度的重要器件，总线型数据传输。目前市场上的旋挖钻机采用的倾角传感器的精度都很高，有些还带有滤波功能，数据显示稳定、抗震动能力强。通过对倾角传感器传入数据的分析，设计人员可以进行编程开发、保证车辆施工精度和安全需求。

角位移传感器实际是一种把角度信号转换为电信号的电气元件。通过检测电压信号可以计算出钻桅当前的偏移角度，在钻孔和起立、下放钻桅的过程中起到了重要保护作用。

高度限位传感器的工作原理其实就是一种行程开关。它安装在连接鹅头的钻桅上，主要作用在于防止钻杆过高提升而脱离了钻桅导轨。如果限位传感器作用，即刻停止卷扬的提升动作。

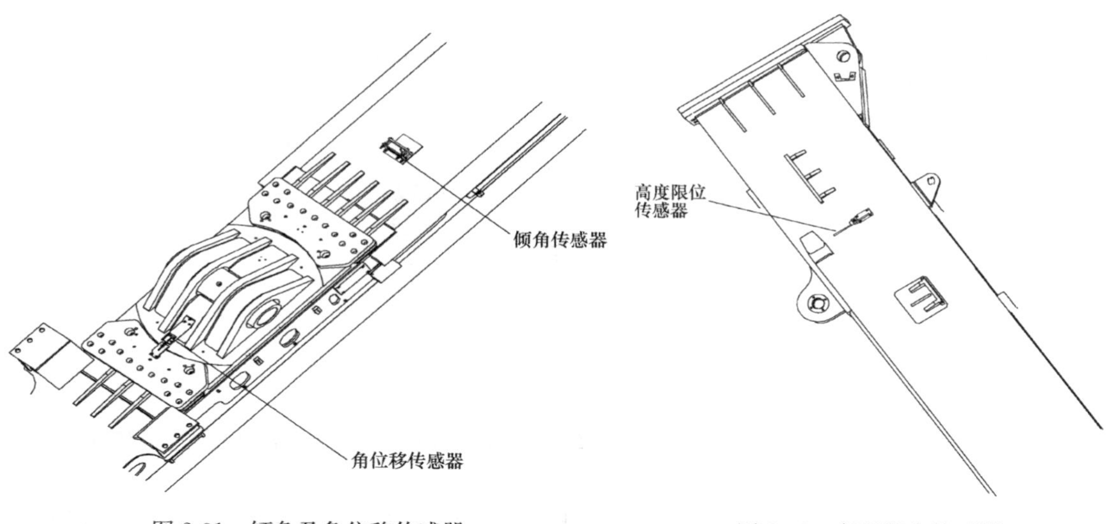

图 2-31　倾角及角位移传感器

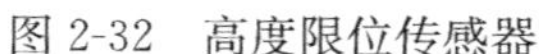
图 2-32　高度限位传感器

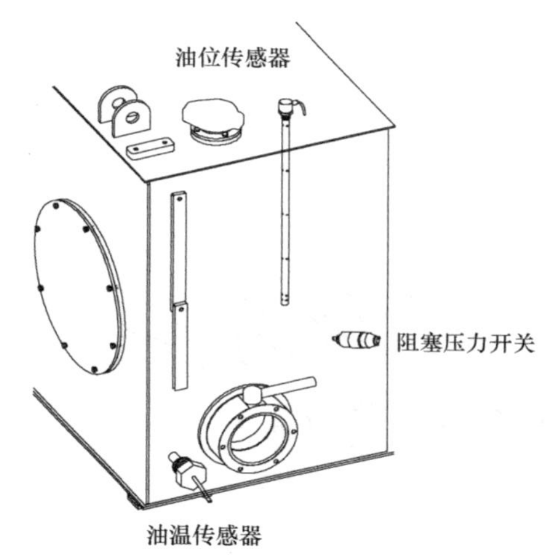

图 2-33　液压油箱电气总成

（7）液压油箱电气总成

液压油箱电气总成的组成为液压油位传感器、液压油温传感器和回油阻塞压力开关。如图 2-33 所示。

液压油位传感器用来实时监测油箱内液压油容积，如果出现液压油泄露现象，液位会迅速下降，当液面到达了液压油位传感器的预设报警高度时，即刻在显示器上提示报警，以防液位过低，主泵无法吸油。

液压油温传感器检测目标是液压油温度，为电阻信号。如果出现液压油温度较高，系统会提示客户是否开启散热器进行降温；如果液压油温度持续上升并达到预设的报警值，那么系统会提示客户停机检查。

回油阻塞压力开关的作用是检测油箱内的回油压力，如果液压油受到污染，回油滤芯阻塞，那么油箱内压力上升，回油阻塞压力开关作用，系统提示客户要及时更换过滤器。

（8）燃油油箱电气总成

燃油油箱只安装有燃油油位传感器。它的作用于液压油位传感器的功能相同，大多采用的是电阻型或电流型传感器。如图 2-34 所示。

（9）动力头电气总成

动力头电气总成分为动力头压力传感器和动力头转速传感器。如图 2-35 所示。

动力头压力传感器的作用是检测动力头马达工作压力，是工作中主要的监测数据之一。如果动力头压力值迅速上升并保持一定时间，即可能判定出现了钻杆卡死现象。有些旋挖钻机还同时配置了动力头正、反压力检测来计算动力头扭矩。

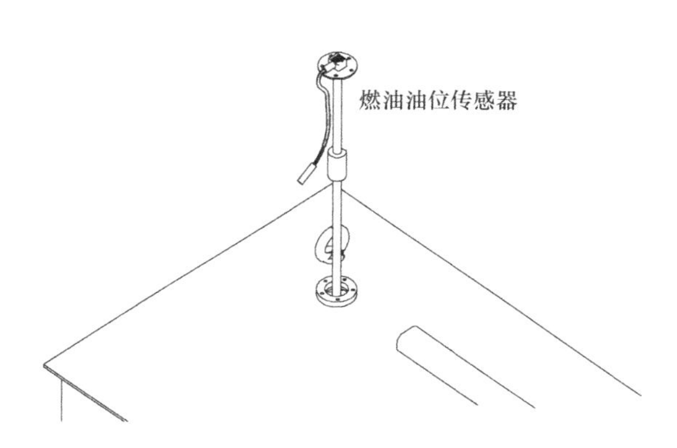

图 2-34　燃油箱电气总成

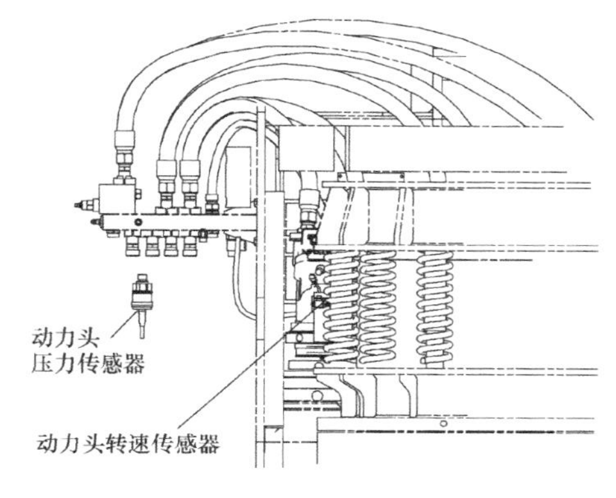

图 2-35　动力头电气总成

动力头转速传感器的作用是读取动力头马达脉冲值，同时根据这个脉冲值以及马达、减速机速比来计算动力头转速。这种传感器把脉冲信号传送至控制器频率输入端口，通过编程可达到较高的检测精度。

（10）预热电气总成

预热电气总成主要指的是预热箱内的两个继电器和两个保险丝，它们分别起到启动和预热的作用。如图 2-36 所示。

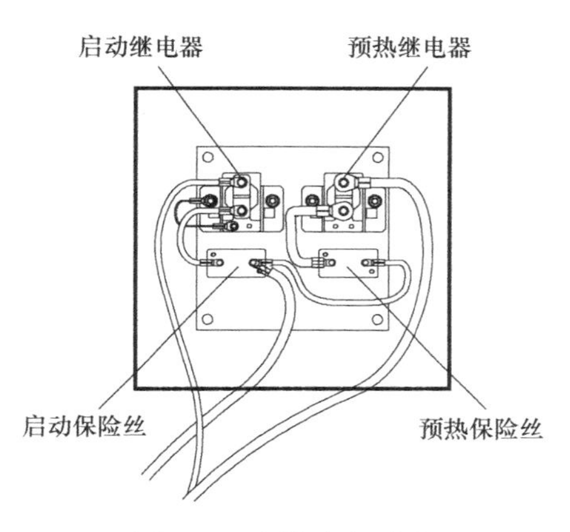

图 2-36　预热电气总成

四、电气原理

旋挖钻机的工作需要电气系统和液压系统的配合，这里按照主要动作进行分类，并分别介绍其实现的电气控制方法。

1. 发动机启动原理

发动机接线总成为发动机的启动提供一路电源，然而在启动的过程中，还需要接通另一路控制电源才能启动火花塞打火，而这一路控制电源就由钥匙开关控制。

如图 2-37 可知，发动机 30 端子已经与蓄电池正极连接，启动时只需 50 端子提供电瓶电压。当钥匙开关闭合时，启动继电器的线圈闭合，触点 87 和 30 导通，发动机 50 端子从电源取电，火花塞打火，发动机启动。然而，有些旋挖钻机生产厂家考虑到安全和其他原因，在发动机打火时加入了总线数据通信的控制，从而使发动机启动变得极其复杂。

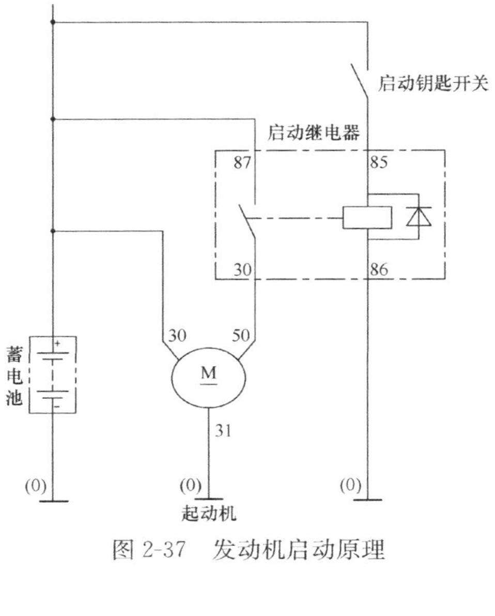

图 2-37　发动机启动原理

2. 倾缸控制原理

倾缸控制即对钻桅油缸的伸缩控制。如图

2-38 所示，通过控制驾驶室内的倾缸手柄，控制器读取输入信号，在解析输入信号后输出电流信号至倾缸控制阀。

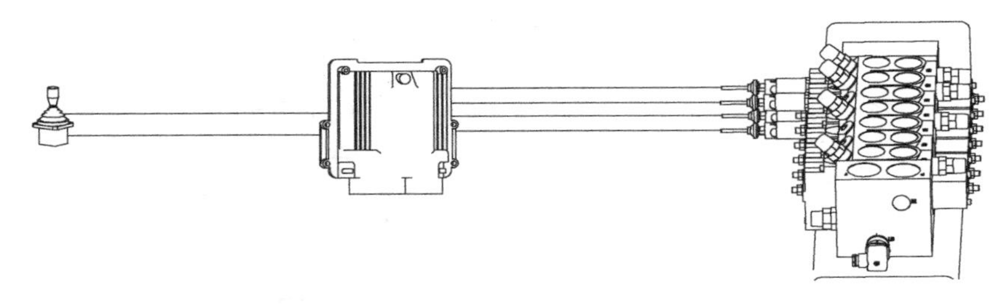

图 2-38 倾缸控制原理

3. 卷扬控制原理

卷扬动作受到控制面板、脚踏开关、卷压压力开关以及手柄的影响。如图 2-39 所示，当控制面板上选择了卷扬动作时，卷扬升与卷扬降电磁阀线圈得电。当液压手柄有动作时，先导油路接通，卷扬压力开关导通，卷扬制动阀导通。通过对液压手柄方向的判断，先导油路使相应方向的阀芯打开，实现卷扬的提升或下放动作。如果想实现自动下放的功能，无需操控手柄，只需踩下脚踏开关，这时卷扬浮动电磁阀得电，液压马达的油路导通，钻杆受重力影响自动下放。

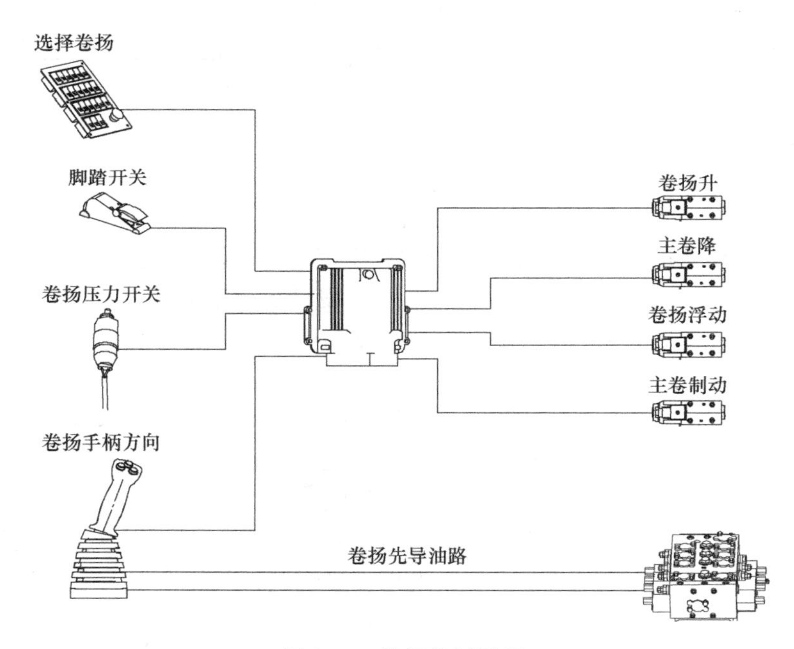

图 2-39 卷扬控制原理

4. 回转控制原理

为了防止误操作，回转操作加入了使能的限制，使能开关一般安装在可实现回转动作的手柄上。当使能手柄按下并且先导油路导通，回转压力开关导通，经控制器判断后回转制动阀打开，回转的方向由手柄方向控制。如图 2-40 所示。

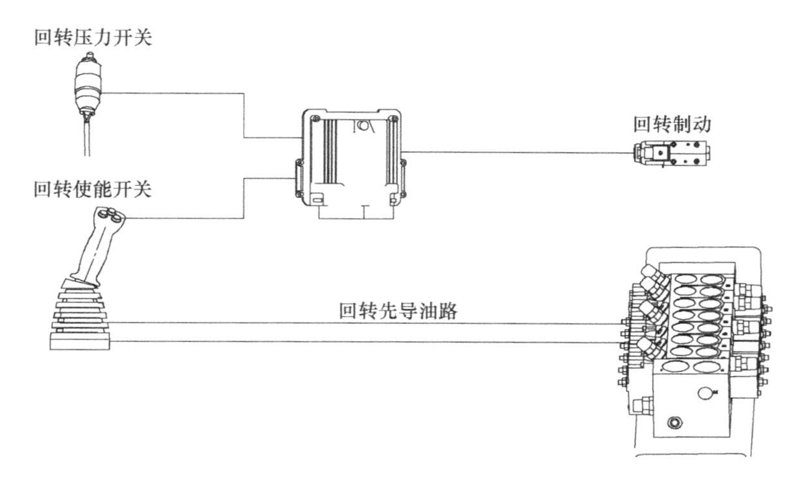

图 2-40 回转控制原理

5. 加压控制原理

由于加压动作与其他动作使用了同一先导油路，因此在实现加压功能时需要在前控制面板上进行加压选择。当加压动作被选择后，加压升降电磁阀导通，方向由手柄控制。当加压压力不够时，可以按下加压合流按钮，这样加压合流阀导通，实现油路合并，压力上升。如图 2-41 所示。

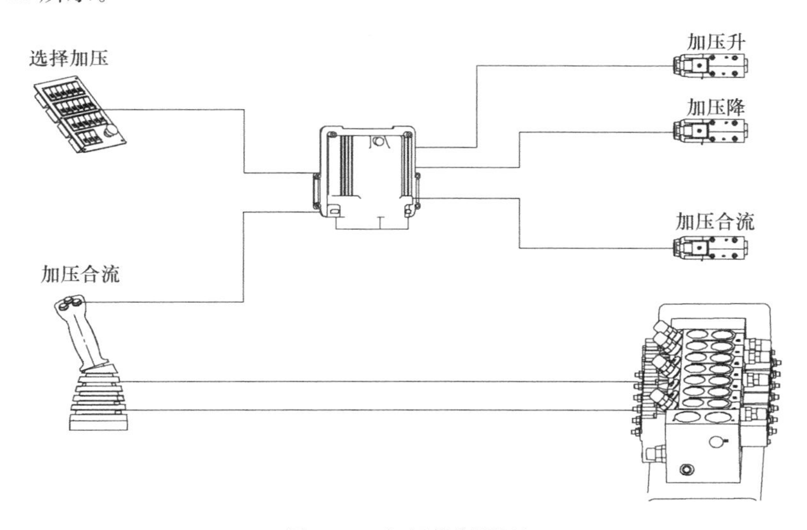

图 2-41 加压控制原理

6. 动力头控制原理

由于动力头选择动作与其他动作使用了同一先导油路，因此在实现动力头旋转功能时需要在前控制面板上进行动力头动作选择。当动力头动作被选择后，动力头电磁阀得电导通，旋转方向由手柄控制。当动力头扭矩不够时，可以按下加压合流按钮，这样动力头合流阀导通，实现油路合并，扭矩上升。由于动力头是重要的工作装置，为了提高动力头在不同地层下的工作效率，大部分的旋挖钻机都设置了动力头工作模式的功能，模式的选择是以控制器输出至动力头电控马达的电流值的大小来区分的。如图 2-42 所示。

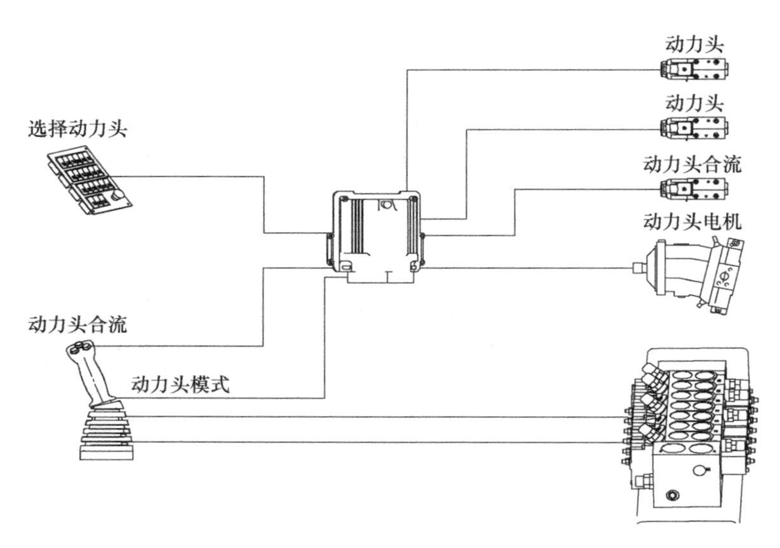

图 2-42　动力头控制原理

7. 限位控制原理

限位和报警原理包括变幅限位和高度限位两种。当变幅装置下放至警戒位置时，限位开关导通，控制器限制变幅下降，电磁阀导通，停止变幅结构的下放。当钻杆提升过高，高度限位开关导通，控制器限制卷扬提升电磁阀导通，停止卷扬的提升。两种限位状态都会在显示器上提供报警。如图 2-43 所示。

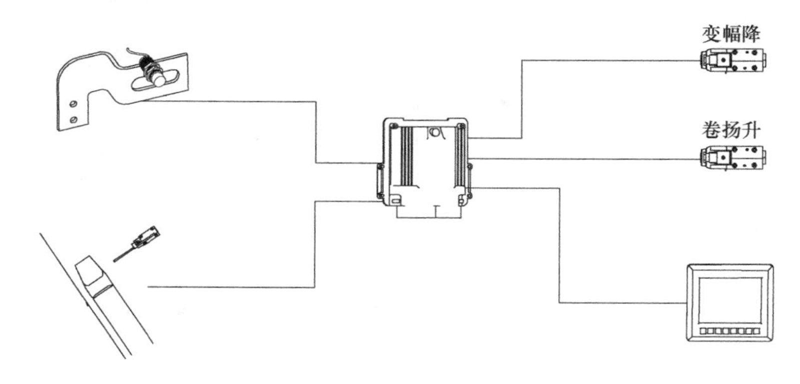

图 2-43　限位控制原理

8. 总线传输原理

CAN 是控制器局域网络的简称，是一种有效支持分布式控制或实时控制的串行通信网络，也是国际上应用最广泛的现场总线之一。

CAN 总线的特点：

（1）采用非破坏总线仲裁技术，当多个节点同时向总线发送信息出现冲突时，优先级较低的节点会主动地退出发送，而最高优先级的节点可不受影响继续传送数据。

（2）报文只通过标示符滤波，即可实现点对点，一点对多点及全局广播式传送数据。

（3）直接通信距离可达 10km，最高速率可达 1Mbps。

（4）节点数取决于总线驱动电路，目前可达 110 个。标示符标准为 11 位，扩展为 29

位，个数几乎不受限制。

（5）报文采用短帧结构，传输时间短，受干扰概率低，保证数据出错率极低。

（6）通信介质可为双绞线、同轴电缆或光线，选择灵活。

（7）节点在错误严重的情况下具有自动关闭输出功能，以使总线上其他节点的操作不受影响。

（8）具有较高的性价比。结构简单，开发技术容易掌握。

根据 CAN 总线传输的上述特点，旋挖钻机的数据传输过程可参照图 2-44。

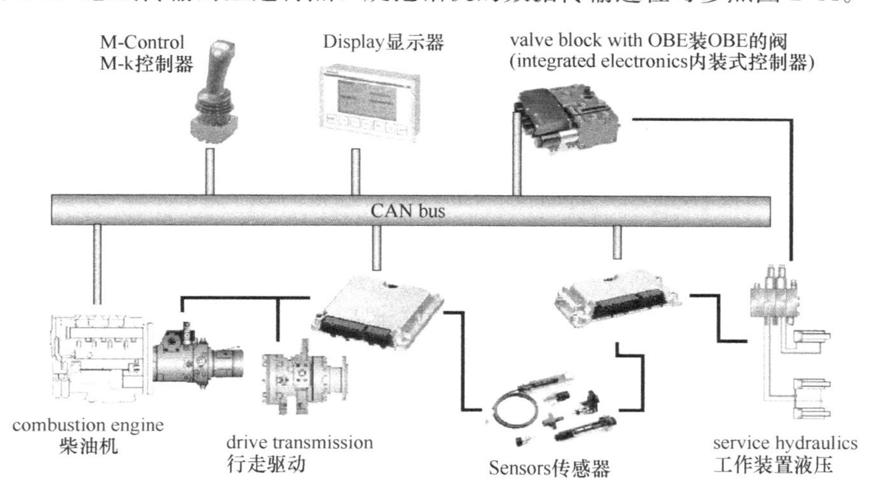

图 2-44　旋挖钻机总线传输示意图

总线上的节点包括电气手柄，控制器、显示器以及部分传感器等，通信数据汇总到控制器里进行分析处理，结果发送到显示器中供操作人员参考。这种方式无论对主机操作还是维修、保养都起到了十分便捷的作用。

五、动力系统

目前市场上主流产品采用的是柴油发动机，所使用的燃料为柴油。清洁的柴油经燃油喷射泵和喷油器呈雾状喷入气缸，在气缸内油雾和 600℃高温高压空气均匀混合，燃烧、爆发产生动力。这种发动机又称为压燃式发动机。

（一）基本术语（图 2-45、图 2-46）

❖ 上止点

活塞在气缸里作往复直线运动时，当活塞向上运动到最高位置，即活塞顶部距离曲轴旋转中心最远的极限位置。

❖ 下止点

活塞在气缸里作往复直线运动时，当活塞向下运动到最低位置，即活塞顶部距离曲轴旋转中心最近的极限

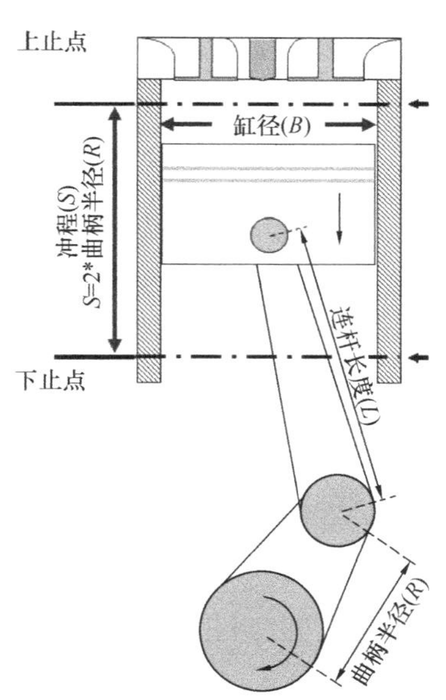

图 2-45　基本术语一

位置。

❖ 缸径　气缸的直径

❖ 冲程

活塞从一个止点到另一个止点移动的距离，即上、下止点之间的距离。

❖ 曲柄半径

曲轴旋转中心到曲柄销中心之间的距离。

❖ 气缸工作容积

活塞从一个止点运动到另一个止点所扫过的容积。

❖ 排量

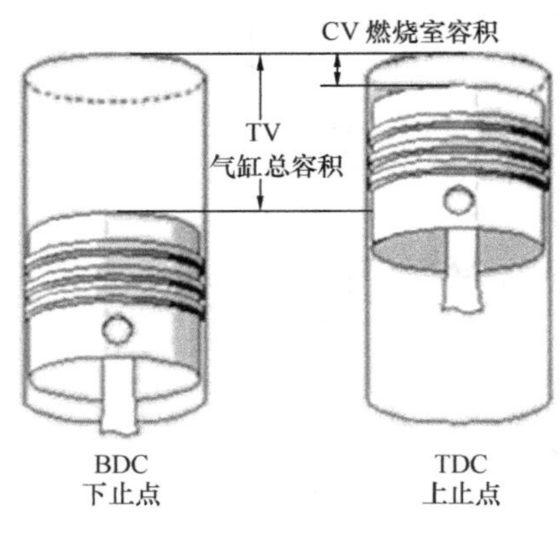

图 2-46　基本术语二

多缸发动机各气缸工作容积的总和。

❖ 燃烧室容积

活塞位于上止点时，其顶部与气缸盖之间的容积。

❖ 气缸总容积

活塞位于下止点时，其顶部与气缸盖之间的容积。即气缸工作容积和燃烧室容积之和。

❖ 压缩比

气体压缩前的容积与气体压缩后的容积之比值，即气缸总容积与燃烧室容积之比称为压缩比。

通常汽油机的压缩比为 6～10。

柴油机的压缩比较高，一般为 16～24。

（二）柴油发动机的工作原理

柴油发动机按每一循环所需活塞行程分类，可分为四冲程发动机和二冲程发动机。旋挖钻机采用四冲程柴油发动机，曲轴旋转两圈，活塞往复运动四次，完成吸气、压缩、做功、排气一个工作循环，即曲轴每转两圈做功一次（图 2-47）。

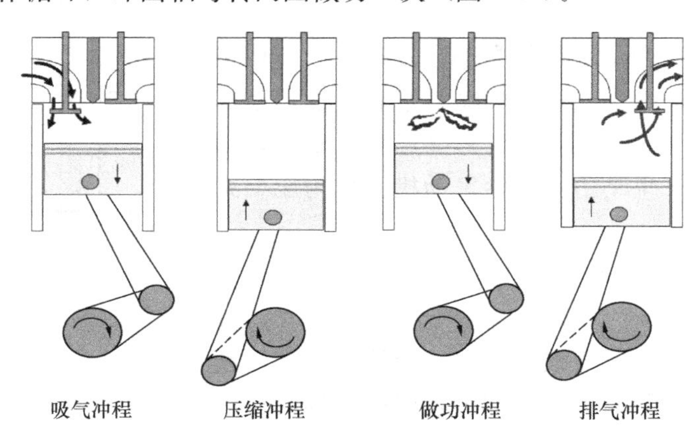

图 2-47　四冲程柴油机的工作循环

（1）吸气冲程：活塞从上止点向下止点移动，这时在配气机构的作用下进气门打开，排气门关闭。由于活塞的下移，气缸内容积增大，压力降低，新鲜空气经过过滤器、进气管不断吸入气缸。

（2）压缩冲程：活塞从下止点向上止点运动，这时进、排气门关闭。气缸容积不断减少，气体被压缩，其温度和压力不断提高。

（3）做功冲程：在压缩冲程即将终了时，喷油器将柴油以细小的油雾喷入气缸，在高温、高压和高速气流作用下很快蒸发，与空气混合，形成混合气。混合气在高温下自动着火燃烧，放出大量的热量，使气缸中气体温度和压力急剧上升。高压气体膨胀推动活塞由上止点向下止点移动，从而使曲轴旋转对外做功。

（4）排气冲程：做功冲程结束后，排气门打开，进气门关闭。活塞在曲轴的带动下由下止点向上止点运动，燃烧后的废气便依靠压力差和活塞的排挤，迅速从排气门排出。

活塞经过上述四个连续冲程后，完成一个工作循环。当活塞再次由上止点向下止点运动时，又开始下一个工作循环。这样周而复始的继续下去。多缸发动机曲轴转两圈，每缸都做功一次。缸数越多，做功间隔角越小，同时参与做功的气缸越多，发动机运转越平稳。

（三）柴油发动机的系统组成

发动机是一种由许多机构和系统组成的复杂机器。要完成能量转换，实现工作循环，保证长时间连续正常工作，必须具备以下一些机构和系统：

（1）机体：包括缸体缸盖、曲柄连杆机构、配气机构等

1）缸体缸盖（图 2-48）：

主要包括气缸体、气缸盖、曲轴箱等，它是发动机各机构、各系统的装配基体；其本身的许多部件又分别是曲柄连杆机构、配气机构、燃油系统、冷却系统等等其他机构及系统的组成部分。

2）曲柄连杆机构（图 2-49）：

曲柄连杆机构是发动机实现工作循环，完成能量转换的主要运动零件，在做功冲程中，活塞承受燃气压力在气缸内做直线运动，通过连杆转换成曲轴的旋转运动，并从曲轴对外输出动力。而在进气、压缩和排气冲程中，飞轮释放能量又把曲轴的旋转运动转化成活塞的直线运动。

3）配气机构（图 2-50）：

图 2-48　缸体缸盖

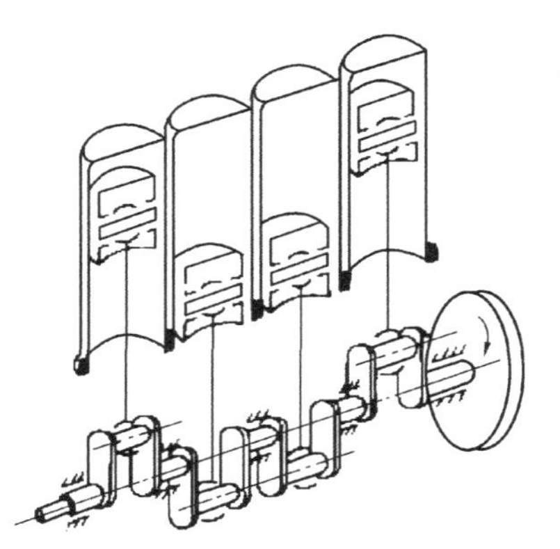

图 2-49　曲柄连杆机构

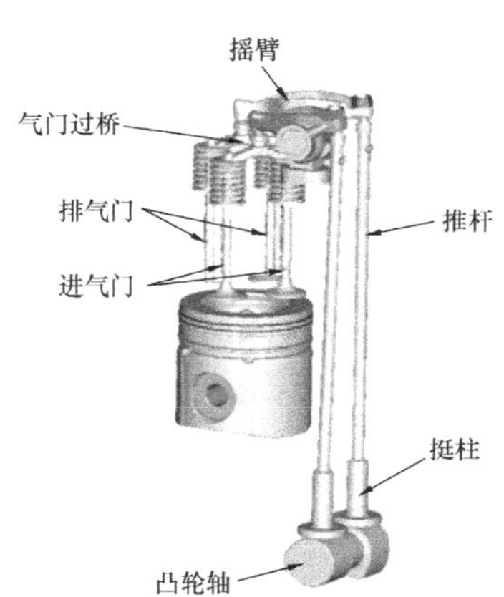

图 2-50　配气机构

主要作用是根据发动机的工作顺序和工作过程，定时开启和关闭进气门和排气门，使可燃混合气或空气进入气缸，并使废气从气缸内排出，实现换气过程。配气机构主要由进气门、排气门、气门过桥、摇臂、挺柱、推杆、凸轮轴等组成。

(2) 进排气系统

进排气系统包括进气系统和排气系统。如图 2-51 所示，新鲜空气通过空气预滤器和空滤器进行过滤，过滤后的清洁空气进入涡轮增压器压缩，压缩后的空气经过中冷器冷却后进入气缸，参与燃烧，燃烧后的废气通过排气歧管进入废气涡轮增压器，然后经由消音器排放到大气中。这就是发动机的整个进排气系统过程。

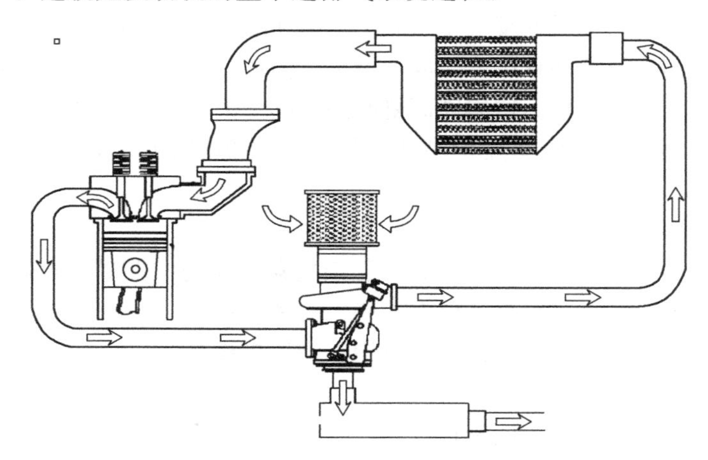

图 2-51　进排气系统示意图

进排气系统主要由预滤器及空滤器、涡轮增压器、消声器等部件组成。

1) 预滤器及空滤器：

主要作用是清除空气中的灰尘和杂质，将清洁、干燥、温度适中的空气送入气缸参与燃烧，以最大限度的降低发动机磨损并保持最佳的发动机性能。

根据空滤器堵塞报警器指示，当空滤器进气阻力超标时，需要及时更换空滤器滤芯。

切记：灰尘是发动机最大的杀手!!!

2) 涡轮增压器

废气涡轮增压器是用发动机的排气推动涡轮机来带动压气机，以压缩进气，达到进气增压的要求，从而提高进气密度，以提高功率。旋挖钻机用发动机都采用废气涡轮增压器，主要有以下优点：

A. 不大量增加体积、重量前提下，大量提高发动机的功率

自然吸气式发动机进气压力通常低于大气压，而增压装置提供的进气压力最高可达 2.5 个大气压以上。相同排量下，进入更多空气。

进入气缸的空气总量增加了，所允许喷入的燃油也可以相应增多，使发动机能产生更大的功率。根据与发动机配试及发动机的具体设计情况不同，增加发动机功率 30%～100%（发动机结构需要加强，承受更大的作用力）。

B. 提高燃油经济性

更大的空燃比使燃烧充分；

循环热效率提高。

C. 增压可以补偿高原功率不足

海拔较高时大气压力低，导致燃油燃烧不充分，功率不够排气冒黑烟。

增压器可以增加发动机气缸中氧气量。

D. 增压可以保护环境

燃烧充分，降低 CO 和 HC，扩散排气脉冲，降低噪声。

3）消声器

排气系统的主要作用就是在保证发动机最佳性能的同时，把所有排气安全的运离发动机并安静的排到大气中去。而消声器是排气系统的重要组成部分，它可以有效地降低发动机产生的排气噪声以满足法规和客户对噪声要求，同时还可以把对人体有害的发动机废气排放到远离驾驶舱进气口的位置。

（3）燃油系统

燃油系统的作用是将一定量的柴油，在一定时间内以一定的压力喷入燃烧室与空气混合，以便燃烧做功。它主要由柴油箱、输油泵、柴油滤清器、燃油喷射泵、喷油器和调速器等组成。燃油系统循环如图 2-52 所示。

1）柴油箱

柴油箱是柴油的储存容器，加注柴油时不能加满，需要预留 5%～11%的燃油膨胀空间。另外，用户需要经常将沉淀在油箱底部的水分和杂质排出，以提高柴油滤清器及发动机的使用寿命。建议将柴油先行沉淀一天再添加进柴油箱。

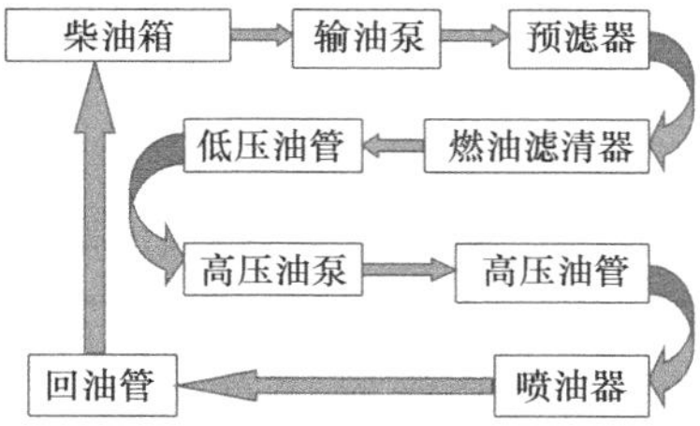

柴油箱 → 输油泵 → 预滤器 → 燃油滤清器 → 低压油管 → 高压油泵 → 高压油管 → 喷油器 → 回油管 → 柴油箱

图 2-52 燃油系统循环

2）柴油滤清器

柴油滤清器的作用是去除柴油中的水分和杂质，提高柴油的清洁度。每次开机前及停机后，都需要排放出油水分离器中分离出来的水分及杂质。

3）喷油器

喷油器的作用是将燃油雾化成细微的油滴，并将其喷射到燃烧室待定的位置。

（4）冷却系统

冷却系统的主要作用是将发动机受热零件，如气缸盖、气缸、气门等发出的热量散发到大气中，保证发动机的正常工作温度。目前，旋挖钻机采用的都是水冷系统，其主要包括水泵、风扇、散热器、节温器和冷却水道等零部件。

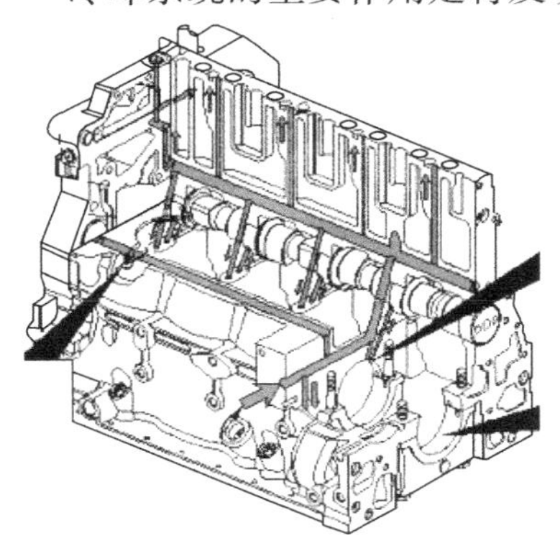

图 2-53 旋挖钻机冷却系统

图 2-53 为旋挖钻机冷却系统示意图。

水冷系统的冷却强度通常可以通过改变流经散热器的冷却液流量来调节，即低温时节温器关闭，小循环通路打开；当温度升高到一定程度，节温器打开，这时来自气缸盖出水口的冷却液全部经过散热器进行冷却，此为大循环。

节温器开启温度：节温器开启温度 82℃，全开温度 93℃。

冷却液包括冷却水、防锈剂和防冻剂，冷却水应选用杂质少的软水（例如纯净水）。为防止散热器和发动机生锈，冷却水里面应添加防锈剂。根据不同季节及机器作业时气候条件和现场工况温度的高低，可以调整防冻液的比例以达到设备运行条件。工程机械上普遍使用 50%纯净水+50%乙二醇的混合冷却液。

（5）润滑系统

润滑系统的主要作用是将清洁的润滑油不间断的送入发动机的各个摩擦表面（如轴承、活塞环、气缸壁等），以实现液体摩擦，减少运动件之间的摩擦阻力和零件的磨损，并带走摩擦时产生的热量和金属磨屑，对零件表面进行清洗和冷却。主要由机油滤清器、机油道、机油泵和机油散热器组成。

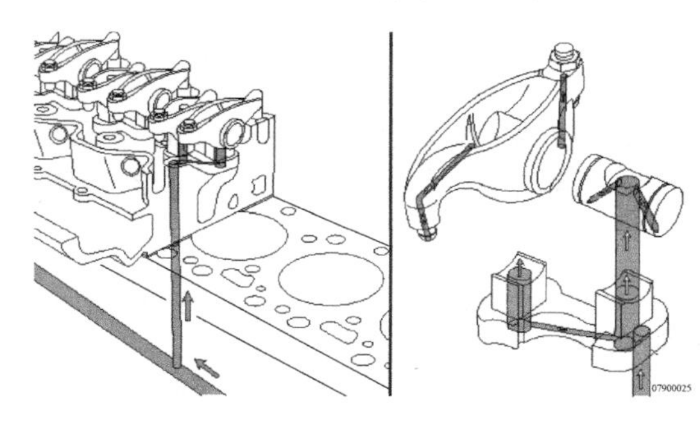

图 2-54　发动机润滑油道

图 2-54 是发动机润滑油道示意图。

机油滤清器的作用是过滤机油中的灰尘和金属磨屑等杂质。

发动机机油具有以下作用：

1）润滑作用；

2）冷却作用；

3）密封作用；

4）清理作用；

5）防锈作用。

所以机油有各种规格，使用机油时要选用机器操作保养使用说明书指定的机油规格，一般情况，可选择 CH-4 及以上牌号机油。

（6）电气系统

常规发动机的电气系统包括发动机的起动装置、充电电路等。

1）起动装置

起动装置：用来起动发动机，它主要包括启动电机及传递机构和便于启动的辅助装置；

起动电机：发动机起动时，使用起动电机带动飞轮旋转，驱动曲轴转动；

预热装置：预热装置的作用是加热进气管或燃烧室的空气，从而提高气缸内压缩终了状态空气的温度，使喷入燃烧室的柴油容易形成良好的混合气。预热电路中包含有预热塞和预热指示灯，预热时，预热指示灯亮。

蓄电池：蓄电池作为化学电源，可储蓄电能。充电时，利用内部的化学反应将外部的电能转变为化学能储存起来；放电时，利用化学反应将储存的化学能转化为电能输出。起动电机和照明装置是蓄电池的主要用电设备。

2）充电电路

充电电路：蓄电池在使用过程中要消耗电能，因此需要不断补充和储蓄电能。实现储蓄电能的工作电路叫作充电电路。充电电路包括发电机和调节器等。

发电机（交流发电机）：发电机的作用是在旋挖钻机工作时向用电设备供电和向蓄电池充电，它一般由风扇皮带进行驱动。发动机起动后发电机投入工作，其端电压随发动机转速的升高而逐渐增大，当端电压高于蓄电池的电压时，则由发电机向用电设备供电，同时向蓄电池充电，补充蓄电池消耗的电能。

调节器：调节器的作用是当发动机转速升高时，保证发动机供给的电压稳定在一定范围内。

（四）发动机的使用

（1）起动前的检查

1）机油油位检查；

2）冷却液液位检查；

3）燃油油位检查；

4）燃油箱及燃油滤清器放水；

5）风扇皮带等外观检查。

（2）起动时的注意事项

1）确认周围的安全情况；

2）操纵杆空挡；

3）鸣笛，告知起动；

4）预热约 20s（寒冷地区）；

5）一次起动时间不应超过 15s，两次起动时间间隔应大于 2min。

（3）3～5min 预热运转

1）各仪表指示正常；

2）是否有报警。

（4）运转中

1）机油压力是否正常；

2）冷却水温是否正常；

3）充电状态是否正常；

4）是否有异常声音。

（5）停电时

停电前，发动机空载怠速运转 3～5min。

（6）停止工作

1）关闭电源主开关，取下钥匙；

2）补充燃油。

第三章　施 工 工 法 认 知

第一节　工　法　概　述

虽然对于大多数工程机械设备的操作机手来讲，能否做到设备的熟练操作即是一个判断机手技能优劣的标准，但是对于旋挖钻机操作而言，鉴于其成孔作业隐蔽施工过程中的不可预见性，熟练操作只是判断标准的一部分，很重要的一点要结合地质情况作出相宜的调整，而这一点就属于施工工法的一个范畴。

旋挖钻机施工工法，是围绕旋挖钻机成孔作业为服务对象，以工艺研究为核心，把先进技术和科学管理结合起来，经过工程实践形成的施工方法。该方法以工程岩土勘察报告提供的地质信息为参考依据，以实际现场情况为立足点，以合理的钻具选配和泥浆工艺为手段，以成孔常见施工问题的预防与处理预案为保障措施，最终目的旨在提高施工效率、降低作业成本。

当然，对于操作机手而言，不需深入了解施工工法研究的每一个细节，对于钻机操作直接相关部分内容有一定程度的认识理解即可。对此，本部分内容施工工法的介绍主要按以下常规性内容为主（图 3-1）。

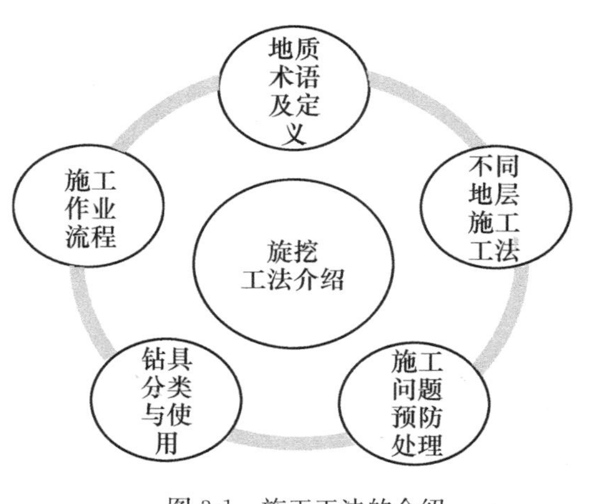

图 3-1　施工工法的介绍

第二节　工法术语及定义

1. 岩土工程勘察报告

在场地勘探原始资料的基础上进行整理、统计、归纳、分析、评价，提出工程建议，形成系统的为工程建设服务的勘察技术文件，阅读勘察报告，是旋挖钻机施工对象——地层信息，获取的最直接手段。

2. 土的分类

土按照颗粒级配和塑性指数可分为碎石土、砂土、粉土和黏性土。另外还有黄土、红黏土、软土（包括淤泥和淤泥质土）、冻土、膨胀土、盐渍土、混合土、填土和污染土等性质特殊的土。

（1）碎石土

土的颗粒粒径大于 2mm 而且其颗粒质量超过总质量 50%的土，称为碎石土。其分类方式见表 3-1。

碎石土的分类　　　　**表 3-1**

土的名称	颗粒形状	颗粒级配
漂石	圆形及亚圆形为主	粒径大于 200mm 的颗粒质量超过总质量 50%
块石	棱角形为主	
卵石	圆形及亚圆形为主	粒径大于 20mm 的颗粒质量超过总质量 50%
碎石	棱角形为主	
圆砾	圆形及亚圆形为主	粒径大于 2mm 的颗粒质量超过总质量 50%
角砾	棱角形为主	

（2）砂土

土颗粒粒径介于 2mm ～ 0.075mm 之间颗粒质量超过全重 50%的土，称为砂土。其分类方式见表 3-2。

砖土的分类　　　　**表 3-2**

土的名称	颗粒级配
砾砂	粒径大于 2mm 的颗粒含量占全重 25%～50%
粗砂	粒径大于 0.5mm 的颗粒含量超过全重 50%
中砂	粒径大于 0.25mm 的颗粒含量超过全重 50%
细砂	粒径大于 0.075mm 的颗粒含量超过全重 85%
粉砂	粒径大于 0.075mm 的颗粒含量超过全重 50%

（3）粉土

粒径大于 0.075mm 的颗粒质量不超过总质量的 50%，且塑性指数等于或小于 10 的土。

（4）黏土

塑性指数大于 10 的土。其中塑性指数在 10～17 的黏土为粉质黏土，大于 17 的为黏土。

（5）填土

填土系由人类活动而堆填的土。填土根据其物质组成和堆填方式可分为素填土、杂填土和冲填土三类。素填土由天然土经人工扰动和搬运堆填而成，不含杂质或含杂质很少，一般由碎石、砂或粉土、黏性土等一种或几种材料组成；杂填土含大量生活垃圾、工业垃圾或生活垃圾等杂质的填土；冲填土又称吹填土，是由水力冲填泥砂形成的填土。

（6）冻土

冻土主要分布在东北、华北、西北，是指具有负温或零温并含有冰的土（岩）。按冻结状态持续时间，分为多年冻土、隔年冻土和季节冻土。

3. 岩石分类

通常将自然界产出的岩石按照其形成原因，可分成三大类：火成岩、沉积岩和变质岩。也可按照风化程度、质量等级以及坚硬程度分类。

（1）火成岩

火成岩由地幔或地壳的岩石经熔融或部分熔融的物质形成岩浆，岩浆在向地表上升过程中，由于热量散失逐渐经过分异等作用冷凝而形成岩浆岩。在地表下冷凝的称侵入岩；

喷出地表冷凝的称喷出岩。安山岩、花岗岩、玄武岩、闪长岩等均为常见的火成岩。

(2) 沉积岩

沉积岩是在地壳表层的条件下，由母岩的风化产物、火山物质、有机物质等沉积岩的原始物质成分，经流水侵蚀、搬运、堆积而形成的一类岩石。沉积岩在地表分布最为广泛，其主要特征是具有层理。泥岩、页岩、砂岩、灰岩、砾岩均为常见的沉积岩。

(3) 变质岩

变质岩是在高温高压和矿物质的混合作用下由一种石头自然变质成的另一种石头。片岩、板岩、大理岩、石英岩均为常见的变质岩。

(4) 风化程度（表 3-3）

风化程度 **表 3-3**

风化程度	野外特征
未风化	岩质新鲜，偶见风化痕迹
微风化	结构基本未变，仅节理面有渲染或略有变色，有少量风化裂隙
中等风化	结构部分破坏，风化裂隙发育，岩体被切割成岩块。用镐难挖，岩芯钻机方可钻进
强风化	结构大部分破坏，风化裂隙很发育，岩体破碎，用镐可挖，干钻不易钻进
全风化	结构基本破坏，但尚可辨认，有残余结构强度，可用镐挖，干钻可钻进
残积土	组织结构全部破坏，已风化成土状，锹镐易挖掘，干钻易钻进，具可塑性

(5) 坚硬程度（表 3-4）

坚硬程度 **表 3-4**

坚硬程度等级		定性鉴定	代表岩石
硬质岩	坚硬岩	锤击声清脆，有回弹，震手，难击碎，基本无吸水反应	未风化一微风化的花岗岩、闪长岩、辉绿岩、玄武岩、安山岩、片麻岩、石英岩、石英砂岩、硅质砾岩
	较硬岩	锤击声较清脆，轻微回弹，较难击碎，有轻微吸水反应	① 微风化的坚硬岩；②未风化一微风化的大理岩、板岩、石灰岩、白云岩、钙质砂岩等
软质岩	较软岩	锤击声不清脆，无回弹，较易击碎，浸水后指甲可刻出印痕	① 中等风化一强风化的坚硬岩或较硬岩；②未风化一微风化的凝灰岩、千枚岩、泥灰岩、砂质泥岩等
	软岩	锤击声哑，无回弹，有凹痕，易击碎，浸水后手可掰开	① 强风化的坚硬岩或较硬岩；②中等风化一强风化的较软岩；③未风化一微风化的页岩、泥岩、泥质砂岩
极软岩		锤击声哑，无回弹，有较深凹痕，手可捏碎，浸水后可捏成团	① 全风化的各种岩石；②各种半成岩

(6) 质量等级（表 3-5）

质量等级 **表 3-5**

坚硬程度 \ 完整程度	完整	较完整	较破碎	破碎	极破碎
坚硬岩	Ⅰ	Ⅱ	Ⅲ	Ⅳ	Ⅴ
较硬岩	Ⅱ	Ⅲ	Ⅳ	Ⅳ	Ⅴ

续表

坚硬程度 \ 完整程度	完整	较完整	较破碎	破碎	极破碎
较软岩	Ⅲ	Ⅳ	Ⅳ	Ⅴ	Ⅴ
软岩	Ⅳ	Ⅳ	Ⅴ	Ⅴ	Ⅴ
极软岩	Ⅴ	Ⅴ	Ⅴ	Ⅴ	Ⅴ

4. 土的特性指标

与土的性质特征密切相关的各种物理特性指标包括含水量、密实度、塑性指数和液性指数。

(1) 土的含水量

含水量是表示土的湿度的重要指标。天然土层的含水量变化范围很大，一般干的粗砂土含水量接近于零，而饱和砂土则可达40%。

(2) 土的密实度

无黏性土（碎石土）在天然状态下呈疏散状态，有较高的压缩性和透水性，强度较低；但经过密实处理后，能够获得较高的强度，可作为良好的地基。无黏性土的密实度鉴别方法一般有圆锥动力触探和标准贯入试验两种，根据其试验鉴定结果可分成密实、中密、稍密和松散几个等级。其中标准贯入试验（SPT）是用质量为63.5kg的重锤按照规定的落距（76cm）自由下落，将标准规格的贯入器打入地层，根据贯入器在贯入一定深度得到的锤击数来判定土层的性质。

(3) 土的塑性指数和液性指数

黏性土在一定的含水量（ω）范围内，可用外力塑成任何形状，而当外力移去后仍保持其原有形状，这种特性称为可塑性。土由可塑性状态转为半固态的界限含水量叫作塑限（ω_p）；土由流动状态转为可塑状态的界限含水量叫作液限（ω_L）。土处在可塑状态的含水量变化范围用塑性指数（I_p）来表示，而判断黏性土的软硬程度则用液性指数（I_L）表示（表3-6）。

$I_p=\omega_L-\omega_p$，$I_L=(\omega-\omega_p)/I_p$　　表3-6

液性指数	$I_L\leqslant 0$	$0<I_L\leqslant 0.25$	$0.25<I_L\leqslant 0.75$	$0.75<I_L\leqslant 1$	$I_L>1$
稠度状态	坚硬	硬塑	可塑	软塑	流塑

5. 岩石的特性指标

岩石的力学性质指标是其结构构造、密度、孔隙度等物理性质的延伸，它在外载作用下才能表现出来，通常表现为岩石抵抗变形和破坏的能力，如强度、硬度以及研磨性等。

(1) 强度

强度表示的是岩石在外载作用下抵抗破坏的性能指标。主要参考数值为岩石的单轴饱和抗压强度，其为岩石在单向荷载作用下，抵抗外力破坏的强度（表3-7）。

岩石饱和单轴抗压强度　　表3-7

坚硬程度	坚硬岩	较硬岩	较软岩	软岩	极软岩
饱和单轴抗压强度（MPa）	frk>60	60≥frk>30	30≥frk>15	15≥frk>5	frk≤5

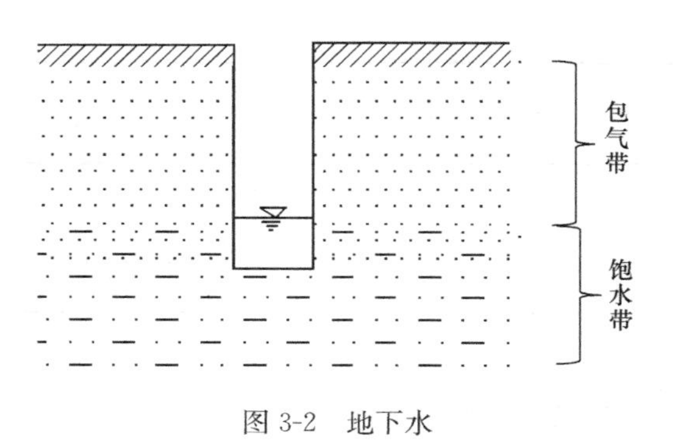

图 3-2 地下水

(2) 硬度

硬度表示岩石抵抗外部更硬物体压入（侵入）其表面的能力。硬度与强度既有联系，又有区别。强度是固体抵抗整体破坏时的阻力，而硬度则是固体表面对另一物体局部压入或侵入时的阻力。

(3) 研磨性

用机械方式破碎岩石的过程中，工具本身也受到岩石的磨损而逐渐变钝，直至损坏。岩石磨损工具的能力称为岩石的研磨性。岩石的研磨性决定着破岩工具的效率和寿命，对钻掘工艺的参数选择，钻头设计及使用具有重大影响。

6. 地下水（图 3-2）

地下水的分类方式有很多，通常根据地下水的埋藏条件，地下水可分为包气带水、潜水和承压水三大类（图 3-3）。

(1) 包气带水

包气带水泛指储存在包气带中的水。关于包气带的含义，通过下面一个实际现象来说明一下：从地面向下挖井时，会发现，表层似乎是干的，往下土层逐渐变潮湿。到深处，井壁开始有水渗出，起初井底可能无积水，但过一段时间后，井底开始有积水。当其水面升到一定高度，便大致稳定下来。这个大致稳定的自由水面便是潜水面或称地下水面。潜水面以下，称为饱水带。潜水面以上称为包气带。

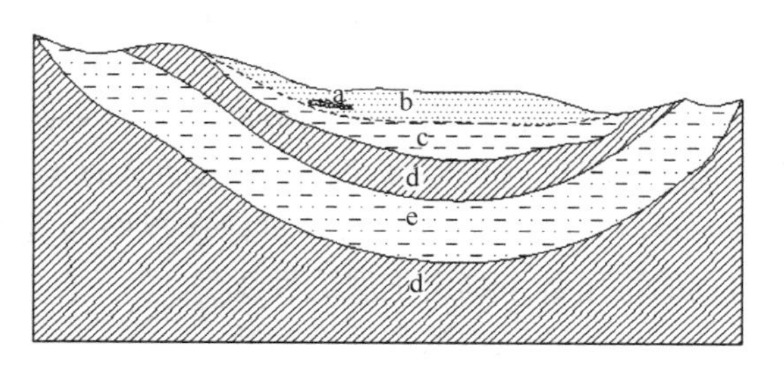

图 3-3 地下水埋藏示意图

a—上层滞水；b—包气带水；c—潜水；d—隔水层；e—承压水

(2) 上层滞水

若包气带内存在面积不大的隔水层，在降雨及雨后的短期内自地面向下渗流的重力水会被这种局部隔水层阻挡而聚集起来，形成小规模水体，这种水体可达一定厚度并形成自由水面，这种局部水体，称为上层滞水。

(3) 潜水

潜水是地下第一层隔水层之上具有自由水面的重力水。

(4) 承压水

充满在两层隔水层间的含水层内的重力常具有一定的压力，称为承压水。承压水受气候和水文因素的变动的影响较小，动态比较稳定，水量丰富。

7. 泥浆

泥浆是一种由膨润土、水和处理剂调配而成液体介质，常在钻孔施工当中使用，具有稳定孔壁、防止漏失、悬浮钻渣等各种功能。

(1) 膨润土

膨润土是以蒙脱石为主要矿物成分的造浆材料，呈固体粉末状，通常常用的有钠基膨润土和钙基膨润土两种。

(2) 处理剂

为了保持泥浆在钻孔中的稳定性，提高其工艺性能，就需要在配制过程中添加一些其他的物质，这些物质就是泥浆的处理剂。通常常用的有调节 pH 值的纯碱、火碱；增黏的 CMC（纤维素）；提高比重的重晶石。

(3) 泥浆性能参数（表 3-8）

泥浆的主要性能指标有比重、黏度、含砂量、泥皮厚度、胶体率以及 pH 值。

泥浆性能参数　　**表 3-8**

性能指标	作　　用	参数控制
比重	提供泥浆静液柱压力，维持孔壁稳定	1.02～1.20
黏度	悬浮钻渣，粘结孔壁	20～50s
泥皮厚度	防止泥浆中水分流失	1～2mm
含砂量	有害成分，流动性变差	＜8%
胶体率	悬浮状态稳定性	96%
pH 值	保证碱性状态	7～11

8. 不良地质

岩土勘察报告中，关于场地的不良地质条件的勘察和评价主要包括岩溶和土洞、滑坡和崩塌、泥石流、采空区地面沉降以及地震等几个方面。这其中，与旋挖钻机施工关系比较的密切的为岩溶、土洞。

(1) 岩溶

岩溶（又称喀斯特）是可溶性岩石在水的溶蚀作用下，产生的各种地质作用、形态和现象的总称。根据其形成的条件，可分为地表岩溶地貌和地下岩溶地貌，地表岩溶地貌包括石芽、溶沟、溶槽、漏斗、竖井、落水洞、溶蚀洼地、溶蚀谷地、孤峰和峰林等；地下岩溶地貌主要为溶洞

(2) 土洞

土洞是指埋藏在岩溶地区可溶性岩层的上覆土层内的空洞，发育良好的空洞，容易造成地表塌陷。土洞主要是由于地表水和地下水对上覆土体的侵蚀造成的。凡是岩溶地区有第四纪土层分布的地段，都要注意土洞发育的可能性。

第三节　施工作业流程

旋挖钻机成孔施工根据作业方式的不同，通常可分为泥浆护壁成孔作业法、全套管护壁成孔作业法以及干成孔法。其中以泥浆护壁成孔作业法最为普遍，也相对复杂，本篇以介绍该作业方式为主。

一、流程图（图 3-4）

根据上述流程图，可将旋挖钻机整个施工作业流程归纳为准备工作、钻进施工、成孔检测、清孔以及成桩五部分。

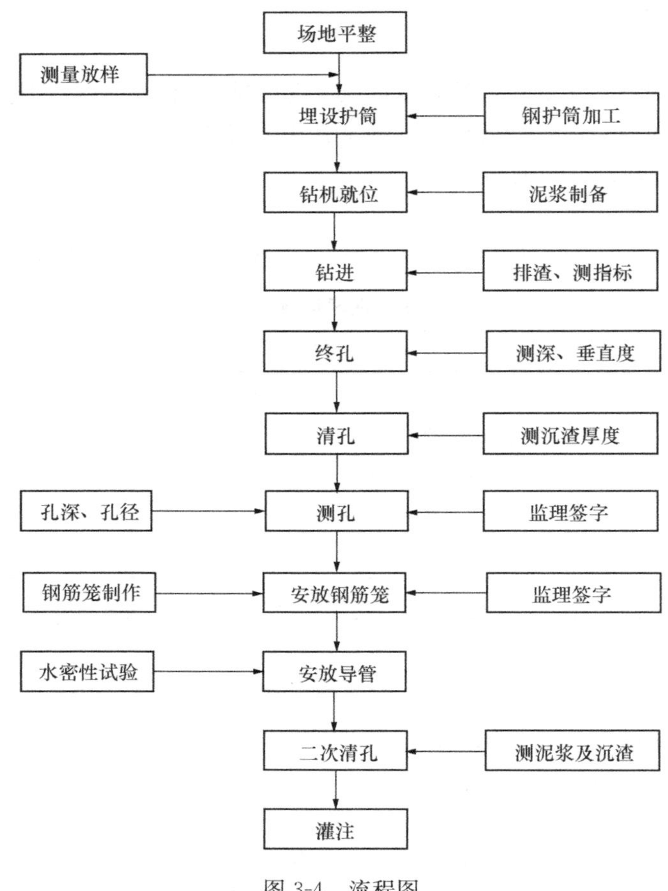

图 3-4　流程图

二、准备工作

旋挖钻机施工作业的准备工作主要包括资料准备、场地的四通一平、设备的运输组装、护筒制作以及泥浆制作等。

（一）资料准备

在工程施工之前，一定要做好岩土勘察报告、地下埋设物资料以及施工技术交底等资料的收集整理工作，明确施工相关的各项要求规定。

（二）场地的四通一平

通水、通电、通车、通信，以及场地平整。场地平整坡度≤2°。当施工场地条件较差时，可铺设钢板，确保旋挖设备进场后具备施工条件。

（三）设备的运输组装

旋挖钻机是大型的施工设备，为了符合国家运输限高和限重的相关规定，通常情况下，在运输时采取整机拆分运输，由多辆平板运输车运输到施工工地（详见旋挖钻机的安装与拆解运输一节）。

（四）护筒制作

护筒对成孔、成桩的质量有着重要影响，对于维护孔壁稳定发挥极大的作用，钻孔前应设置坚固不漏水的护筒。护筒的作用有以下几种：

1. 定位及钻孔导向；
2. 保护孔口，以及防止地面杂物掉入孔内；
3. 隔离孔内孔外表层水；
4. 桩顶标高控制依据之一；
5. 保持孔内水位高出施工水位一定高度以稳定孔壁。

孔口护筒用8～15mm厚的钢板卷制而成，长度3～6m，护筒的内径应比设计桩径大20～40cm，顶部侧面留一个送浆口。顶端对称焊有一对吊耳或留有孔洞，用于装吊护筒及为防止下沉支垫方木之用。钻孔完成，可将护筒拔出重复使用。

（五）泥浆制作（图3-5，表3-9）

采用泥浆护壁施工时，根据相应的泥浆配比，提前购置所需的泥浆材料（膨润土、纯碱、纤维素），开挖泥浆池，配备所需的搅浆设备、泥浆输送所需管道以及泥浆性能检测的现场仪器（泥浆比重计、黏度计、含砂量测定仪）。

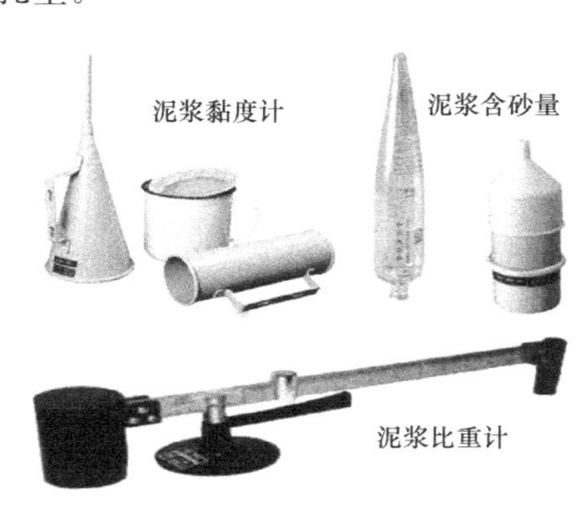

图3-5　泥浆制作

泥浆配合比　　表3-9

原料名称	淡水	膨润土	羧甲基纤维素	纯碱
配合比（重量）	100	8～10	0.05～0.1	0.1～0.3

三、钻进施工

旋挖钻机钻进施工阶段可大致分为埋设护筒、钻机对中、钻进成孔三个阶段。

（一）埋设护筒（图3-6）

埋设护筒是钻孔灌注桩的必须工序，包括挖土、放护筒、周边回填。护筒采用明挖埋设法：开挖前将桩中心引至开挖区外。护筒埋设时应认真检查其平面位置及倾斜度，护筒底部和四周所填黏土必须分层夯实，并做好排水措施，可用锤击、加压或振动等方法下沉

图3-6　埋设护筒

护筒，保证筒埋设牢固。最后把桩位交叉引到护筒中心校验。

护筒埋设还应满足以下要求：

1. 护筒平面位置埋设准确（偏差不大于50mm）；

2. 护筒顶面宜高出施工水位或地下水位2m，还应满足孔内泥浆面的高度要求，护筒排浆口应高出地面0.2～0.3m；

3. 在旱地时还应高出施工地面0.5m，护筒底应低于施工最低水位0.1～0.3m；

4. 埋设护筒挖坑只需比护筒直径大0.5～1.0m；

5. 护筒四周用黏土夯密实，护筒底必须在黏土层中，否则应填黏土并夯实，厚度不小于50cm。

（二）钻机对中

护筒埋设完毕之后，旋挖钻机正式施工之前，要重新进行桩位中心点的对中操作。将钻机移动至接近护筒位置后，通过微动调节变幅装置，使钻头中心点对中护筒中心位置。

（三）钻进施工

钻机对中完毕之后，即可开始钻进施工，在钻进过程中要注意以下事项：

1. 根据场地的地质情况，选择合适的施工工艺以及施工设备，配置最优的钻具组合；

2. 在不稳定地层钻进时要控制好泥浆性能；

3. 土层钻机时加压不易过大，以免单次进尺量过大；

4. 岩层钻进时要不定期地对设备进行维护保养，确保钻进处在最佳的工作状态，并且要及时修补钻头；

5. 大直径岩层钻进施工时，可采用分级钻进的方式来提高施工效率；

6. 钻进过程中出现钻孔事故时，要及时处理，切勿长时间搁置，以免引发次生事故。

四、成孔检测

钻孔灌注桩成孔后，要对桩孔进行检查验收，检测内容包括：钻孔的孔径、孔深、垂直度和孔底沉渣厚度等。成孔质量应符合相应规范或设计要求（表3-10）。

成孔检测 **表3-10**

成孔方法	泥浆护壁钻孔桩	
	$D \leq 1000$mm	$D > 1000$mm
桩径偏差（mm）	±50	±50
垂直度允许偏差（%）	<1	
桩位允许偏差（mm）	$D/6$，且不大于100	$100+0.01H$
	$D/6$，且不大于150	$150+0.01H$

（一）孔深、沉渣检测

孔深、孔底沉渣采用标准测锤检测，测锤一般采用重型锤，锤底直径13～15cm，高20～22cm，重4～6kg。这种方式对斜桩的孔深和孔底沉渣，会产生较大的误差，精度较低。

（二）垂直度检测

垂直度检测目前最常用的方法是超声波检测，通过钻孔孔壁对超声波信号的反射，可在记录仪上连续绘出孔壁形状、凹凸程度以及孔中心偏移情况（图 3-7）。

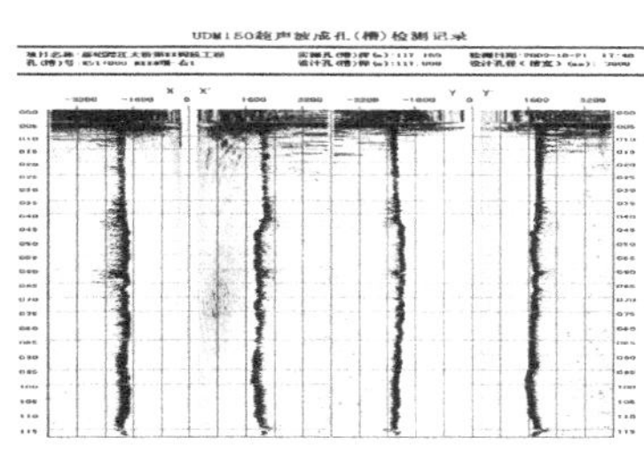

图 3-7　垂直度检测

（三）孔径检测（图 3-8）

孔径采用自制的笼式检孔器（探笼）检测。检孔器用 *Φ*28 和 *Φ*16 钢筋制成，检孔器外径略小于设计桩径，检孔器长度是检孔器外径的 4～6 倍，检测时，将检孔器吊起，使笼的中心、井孔的中心、吊绳保持一致，慢慢放入孔内，上下畅通无阻标明孔径大于设计桩径；若中途遇阻则有可能在遇阻部位有缩径或弯孔现象，应采取措施予以消除。

图 3-8　孔径检测

（四）接触式仪器

接触式仪器组合法成孔检测系用伞形孔径仪、专用测斜仪、沉渣测定仪或其他有效的沉渣检测工具来检测钻孔灌注桩成孔孔径、孔垂直度及沉渣厚度的检测方法。

五、清孔

清孔也是旋挖钻孔灌注桩的一个重要工序，清孔质量的好坏，直接影响灌注桩的质量。清孔的目的是抽、换原钻孔内泥浆，降低泥浆的相对密度、黏度、含砂率等指标，清除钻渣，减少孔底沉淀厚度，防止桩底存留沉淀土过厚而降低桩的承载力。根据清孔的次序可分为一次清孔和二次清孔。

图 3-9　一次清孔钻头

（一）一次清孔（图 3-9）

在灌注桩成孔至设计标高，使用测绳复核测得的钻孔深度小于钻进深度时，即说明孔底存在沉渣，当沉渣厚度超过规定要求时（摩擦桩≤10cm，端承桩≤5cm），需要进行清孔，可使用清孔钻头或普通钻头在原位捞渣。本次清孔一般不需调整泥浆密度，因为如果将泥浆密度过早调低，不利于孔壁稳定，一般泥浆密度保持在 1.2～1.4 之间，在测得孔底沉渣厚度小于 50mm 时，及时抓紧时间吊放钢筋笼。

（二）二次清孔（图 3-10）

第一次清孔完成后，经过监理测定合格后，即可进行后续作业，但是经过安放钢筋笼、焊接、下放导管等过程，往往要耗费较长的时间，在这段时间内，由于孔内泥浆处于静止姿态，原来悬浮在泥浆中的泥、砂砾和石屑会沉入孔底，同时，安放钢筋笼和导管时也会擦碰孔壁，而使泥砂落入孔内，为此，在混凝土灌注前利用导管进行第二次清孔。由于钢筋笼以及导管安放完毕，故二次清孔需要使用泥浆来进行清孔作业。

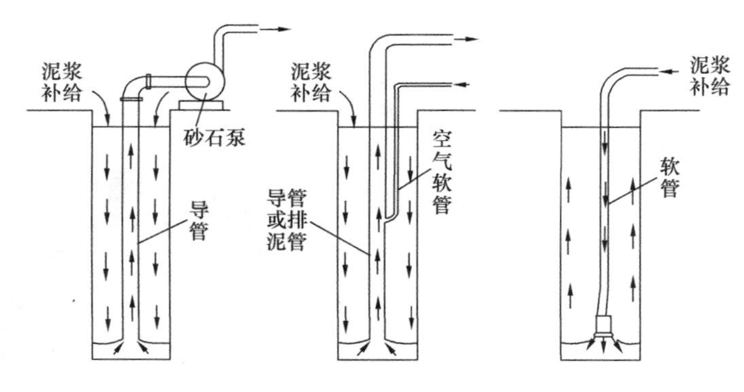

图 3-10　二次清孔

1. 清孔要求

一般二次清孔后，孔内泥浆要满足国家相应规范和规定的要求：

《建筑地基工程施工质量验收标准》GB 50202—2018 规定：孔壁较好，用原土造浆的钻孔，清孔后泥浆相对密度应控制在 1.1 左右；孔壁土质较差时，清孔后的泥浆相对密度应控制在 1.15～1.25；

《公路桥涵施工技术规范》JTJ 041—2000 规定：清孔后泥浆的相对密度为 1.05～1.2，黏度为 17～20s，含砂率小于 4%。

2. 清孔方式

二次清孔应做到边循环清孔边测孔底沉渣，当孔底沉渣厚度符合设计及规范要求时，再在循环中调整泥浆各项指标。常用的清孔方式可分为正循环、反循环两类。其中反循环方式又可分为泵吸、气举以及泵举三种方式，其中以泵吸和气举方式较为常见。

（1）正循环清孔

将泥浆从导管注入孔底，以中速压入符合规定标准的泥浆，把孔内密度大的泥浆换出，使含砂率逐步减少，最后换成纯净的稠泥浆。

由于用于清孔的泥浆密度往往要小于孔内旧泥浆的密度，这样注入孔底的新泥浆就会与钻孔上部的旧泥浆混杂，导致置换难度增加。因此采用正循环清孔往往要耗费 4～8 小时，才能取得较好的效果。另一方面，采用该法清孔速度慢，对孔壁不易产生扰动，不易引起塌孔。

（2）反循环清孔

1）泵吸反循环清孔

吸反循环大致原理，是通过砂石泵的抽吸作用，在导管内腔形成负压，在孔内液柱和大气压的作用下，孔壁与环状空间的泥浆流向孔底，将沉渣带进钻杆（导管）内腔，再经过砂石泵排至地面沉淀池内；沉淀钻渣后，泥浆流向孔内，形成反循环。

由于现有的离心泵的泵压较小，无法满足大直径超深孔的钻孔灌注桩清孔的需要。因此，推荐对于直径 1.8m，设计深度 90m 以下的桩，采用泵吸反循环法进行二次清孔。

2）气举反循环清孔

压缩空气经风管向导管（排渣管）内送风，风管内的空气与泥浆混合物密度（约为 0.6）小于导管（排渣管）内泥浆密度（约为 1.1），形成负压区，在大气压的作用下，气水混合物排出管外；孔底泥浆及沉淀物的混合物沿着导管上升，补充到负压区；为防止孔中泥浆水头过小，及时用泥浆泵将优质（含砂率低）泥浆补充到孔内，并形成循环系统。

六、成桩

清孔完成之后，就可以进行灌注成桩作业，与成桩相关的施工内容主要有钢筋笼制作安装、导管安放、混凝土灌注三方面。

（一）钢筋制作安装（图 3-11）

钢筋笼的结构可分为主筋、箍筋、加劲箍筋、吊筋和保护块。制作钢筋笼时需要的主要设备和工具有：电焊机、钢筋调直机、切割机、钢筋圈（箍筋）制作台、支架。要严格按照设计图纸规定的制作要求进行制作。

图 3-11 钢筋制作安装

钢筋笼制作完成后根据钢筋笼长度及重量的不同，吊装方法有整段吊放、分段吊放两种方式。吊放时吊点位置应恰当，一般在箍筋处，直径较大钢筋笼须对吊点加强，保证钢筋笼不变形。钢筋笼长度 12m 以内宜采用三点起吊法，12m 以上宜采用六点起吊法（图 3-12）。

分段吊放时各节钢筋笼之间的连接方式又可分为机械连接和焊接连接两种方法。常用

图 3-12 吊装方法

机械连接方式主要为钢筋制螺纹套筒连接方式（图 3-13）。

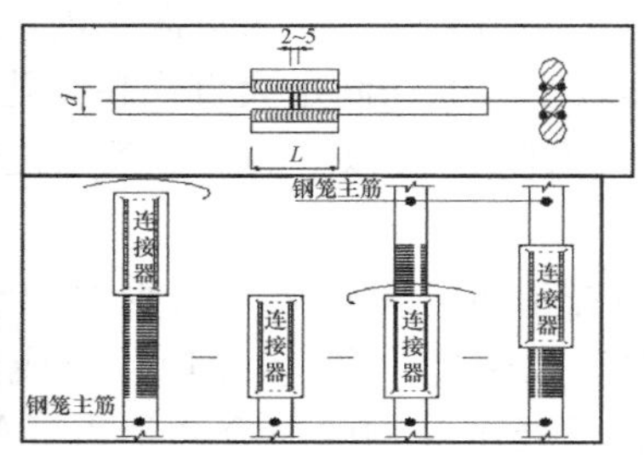

图 3-13　连接方式

（二）混凝土灌注

混凝土灌注是成桩的最后一个环节，也是一个关键步骤，由于是水下灌注作业，如何保证混凝土顺利到达孔底是该部分内容的重要过程。主要涉及以下几个环节：

1. 导管

导管是水下灌注混凝土的通道，在导管初次使用时，因进行水密性试验，采用管内注水充压的方法进行，进行水密试验的水压不应小于孔内水深的 1.3 倍的压力，也不应小于导管壁和焊缝可能承受灌注混凝土时最大内压力 P 的 1.3 倍，保持压力 15 分钟。

1）导管下放

导管下入孔中的深度和实际孔深必须严格测量，导管底口与孔底的距离保持在 0.4～0.6m，以能顺利放出隔水塞和混凝土为度。

2）导管埋深

导管埋深大小对灌注质量影响很大，埋深过大管口的超压力减小，管内混凝土不易流动，产生堵管，拔管困难；埋深过小，管外混凝土面上的浮浆沉渣夹裹卷入混凝土内，形成夹层（表 3-11）。

导管埋深　　**表 3-11**

导管直径（mm）	适用桩径（mm）	灌注能力（m^3/h）	连续灌注埋深（m）		初灌埋深（m）	桩顶部灌注埋深（m）
			正常灌注	最小埋深		
200	600～1200	10	3.0～4.0	1.5～2.0	1.5～2.0	0.8～1.2
250	800～1800	15～17	2.5～3.5	1.5～2.0	1.2～1.5	1.0～1.2
300	＞1500	25	2.0～3.0	1.2～1.5	0.8～1.2	1.0～1.2

2. 漏斗和储料斗（图 3-14）

为了使首批灌入的混凝土能够达到要求的埋管深度，需在导管顶部设置漏斗和储料斗。漏斗设置高度应适应操作的需要，并应在灌注到最后阶段，特别是灌注接近到桩顶部位时，能满足对导管内混凝土柱高度的需要，保证上部桩身的灌注质量。混凝土柱的高度，在桩顶低于桩孔中的水位时，一般应比该水位至少高出 2.0m；否则应比桩顶至少高出 2.0m。

图 3-14　漏斗和储料斗

3. 隔水

为保证初灌混凝土的质量，通常使用隔水塞来进行隔水，再辅以一定的隔水措施达到最终目的。

(1) 隔水塞

硬塞一般用混凝土制作，其直径宜比导管内径小 20～25mm，采用 3～5mm 厚的橡胶垫圈密封，橡胶垫圈外径宜比导管内径大 5～6mm。

广泛使用的是充气球胆（比导管内径大 4mm 左右），可从桩孔内返回重复使用，只适用于直径较大的桩孔。

(2) 隔水措施

剪塞法。预制隔水塞置入导管，用铁丝挂在漏斗，初灌时剪断铁丝，硬塞随初灌混凝土落入孔底。初灌混凝土与泥浆隔离，保证桩身质量。深孔、导管变形易造成卡塞，导致初灌失败；一桩一塞费工费时。

提塞法。制作专门钢提塞或球形（大于导管直径 1～1.5cm）混凝土、木塞，于塞下垫塑料布或水泥袋纸垫，提塞进行初灌。隔水塞可重复使用，并杜绝卡塞的隐患（图 3-15）。

图 3-15　提塞法

4. 灌注

(1) 成孔和清孔质量合格后才可开始灌注工作；

(2) 先拌制 0.1～0.2m^3 水泥砂浆，置于导管内隔水塞的上部，其作用为防卡及便易于冲到混凝土表层面用作保护层；

(3) 首批混凝土灌入孔底后，测量孔内混凝土高，计算导管埋深，符合要求，可正常灌注，如导管内大量进水，表明出事故；

(4) 首批混凝土灌注正常后，应紧凑地、连续不断地进行灌注，严禁中途停工（注意混凝土的下降速度与孔口返水情况）；

(5) 导管提升时应保持轴线竖直的位置居中，防止卡挂钢筋笼；

(6) 灌注过程中，导管上段有空气时，后续混凝土要徐徐灌入，以免在导管内形成高压气囊挤出连接处止水垫，使导管接头漏水；

(7) 为防止钢筋笼被混凝土顶托上升，须在孔口固定牢钢筋笼上端，混凝土面接近钢筋笼时放慢灌注进度；

(8) 为确保桩顶质量，在桩顶设计标高以上加灌一定高度，以便灌注结束后将上段混凝土清除。一般不小于 0.5m，深桩不小于 1m；

(9) 灌注将近结束时，导管内混凝土柱高度减小，导管处泥浆重度加大，沉渣增多，超压减小。如出现混凝土顶升困难时，可在孔内加水稀释泥浆，并掏出部分沉淀土或提升漏斗高度。拔出最后一节导管时，拔管速度要慢，防止桩顶浓泥浆挤入形成泥心。

钢护筒在灌注结束混凝土初凝前拔出，起吊要垂直，尤其是桩顶标高高于护筒底面时更应注意。

第四节　钻具分类与使用

采用旋挖钻机进行基础工程施工，不仅需要钻机具有良好的机械性能，而且要根据地层情况和工程设计要求选配合理的旋挖钻具。若钻具选用不当，不仅会影响施工的效率，严重时还会引起钻机的机械故障，甚至造成钻孔事故。旋挖钻具主要包括钻杆和钻头两类。

一、钻杆

现阶段，市面上常见的旋挖钻杆主要有两种类型：摩阻加压式钻杆（简称摩阻杆）和机锁加压式钻杆（简称机锁杆）。这两种钻杆结构特点上有很大差异，对地层的适应性也各不相同，因此根据具体的地层情况选择合适的钻杆类型，是旋挖钻机高效施工一个不可或缺的因素。

(一) 钻杆简介

1. 摩阻加压式钻杆

摩阻加压式钻杆，就是通过摩擦阻力来传递旋挖钻机钻进破碎地层所需加压力的一类钻杆。

(1) 结构特点

图 3-16 为磨阻加压式钻杆的结构示意图，每一节钻杆均设有外键和内键条，钻进所需加压力通过外节钻杆内键条与内节钻杆外键条之间的相对摩擦力进行传递。当钻进过程中，动力头的输出扭矩越大，钻杆所能传递到孔底的加压力也就越大，反之亦然。但是，当动力头施加在钻杆上的加压力大于内外键条的摩擦力时，钻杆与动力头或者是内外节钻

杆之间会产生相对滑动，属于柔性加压。

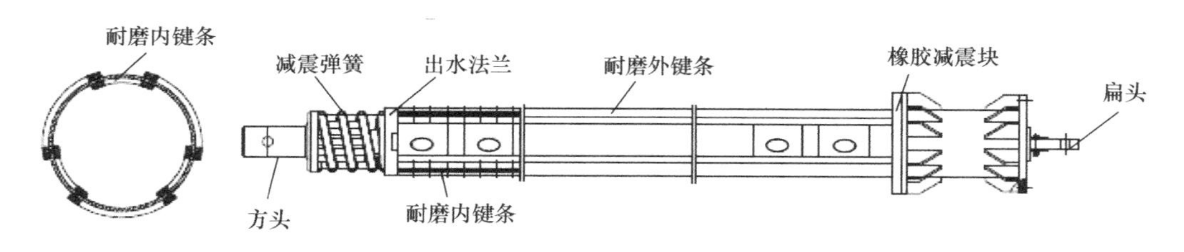

图 3-16　磨阻加压式钻杆结构示意图

（2）优缺点

该种钻杆操作简单，施工过程中孔内提升下放速度快，通常可配置五节或六节钻杆，能实现较大的钻进深度。

该种钻杆受自身加压特点的限制，其所能传递的加压力受到钻机动力头输出扭矩与钻杆内外键摩擦力的直接影响，往往不能将动力头所能提供的最大加压力发挥出来。

（3）适用条件

磨阻加压式钻杆受自身加压特点的限制，一般适用于地基基本承载力在 450kPa 以下的土层或者饱和单轴抗压强度在 5MPa 以下的软岩地层钻进施工。

2. 机锁加压式钻杆

机锁加压式钻杆是通过机械锁点来实现压力传递的一类钻杆。

（1）结构特点

图 3-17 为机锁加压式钻杆结构示意图。在每节钻杆外表面上设有锁点，内表面设置键条，通过外节钻杆内键与内节钻杆外锁点相互咬合，能够将动力头加压力很好地传递到孔底。这种加压方式不会产生相对滑动，属于刚性加压。

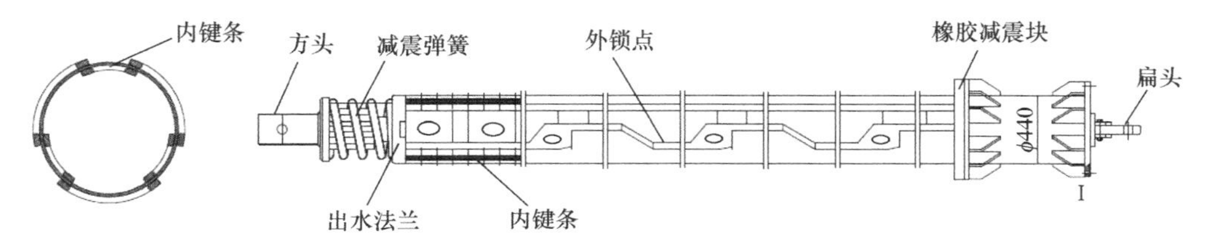

图 3-17　机锁加压式钻杆结构示意图

（2）优缺点

该种钻杆使用范围广，加压力的传递不受扭矩以及摩擦力的限制，可以充分地将动力头所能提供的最大加压力传递到孔底。

该种钻杆由于是通过锁点与键条的咬合来实现压力传递，在提钻时需要解锁，操作相对复杂；通常情况下为四节，钻深较小；并且随钻进深度的增加，钻杆的解锁会越来越繁琐。

（3）适应条件

机锁加压式钻杆几乎可以满足任何工况下的施工要求，但是考虑到其解锁的复杂性，还是推荐当钻进中风化及微风化基岩这些需要较大加压力的地层时，配置机锁加压式钻杆。

3. 两种钻杆性能对比

表3-12为磨阻加压式钻杆与机锁加压式钻杆各种使用性能的综合对比。

两种钻杆性能对比 **表3-12**

	机锁杆	摩阻杆
操作性	★	★★★
地层适应能力	★★★	★
可用加压力	★★★	★
耐磨损性	★	★★★
提升性	★	★★★

注：★★★—好；★★—较好；★——一般。

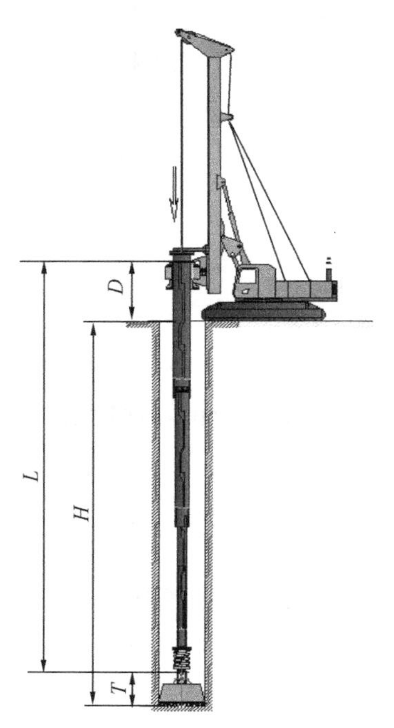

图3-18 钻深参数

4. 钻杆钻深参数（图3-18）

在选择钻杆时，需要考虑的重要一点就是钻杆的最大钻深能否满足钻孔的深度要求。因此如何确定钻杆最大钻孔深度，是我们经常要计算的内容之一。

根据钻杆长度确认最大钻孔深度 H

$$H = L - D + T$$

式中 L——钻杆完全伸出后的总长度；

D——有效最低变幅状态下动力头减震器顶端到护筒口距离；

T——钻头高度；

D、T可通过现场测量得出。

5. 钻杆选用原则

（1）根据施工区域地质情况选择相应的钻杆，优先考虑摩阻加压式钻杆。一般当施工地层的最大承载力特征值不超过450kPa，或者岩层的最大饱和单轴抗压强度不超过5MPa选用摩阻加压式钻杆。

（2）在某一地区长期施工时，根据施工区域内的桩孔特点，选择配置长度适宜的钻杆——以施工中所配钻杆内节均能伸出为宜。不要盲目配置长度过大的钻杆，增加钻机运行负载，影响使用寿命。

（3）在某些松软土层钻进时，可配置单节长度较小的钻杆，以满足钻头加高提高单次进尺的需要。

（4）一台钻机可配置多套钻杆，用以满足不同的工程以及备用需要。

（二）钻杆使用

本节主要介绍两种钻杆的使用方法，包括安装步骤、拆卸方法、孔内提下钻杆以及相关的注意事项。

1. 钻杆的安装（装车步骤）

（1）按图3-19❶所示树立、调整钻桅的垂直度并下放主卷钢丝绳，变幅机构处在最大工作幅度，动力头置于最低位置状态，并将钻机驶至钻杆前方；

（2）按图 3-19❷所示前倾钻桅，并且连接钢丝绳与钻杆提引器，将其固定；

（3）按图 3-19❸所示提升主卷钢丝绳，并不断的向前行驶，来保证钢丝绳悬挂段为竖直状态，以防止钻杆下端滑动而引起撞击；

（4）按图 3-19❹所示将钻杆提升超过动力头的高度，同时钻杆托架支脚下端面高于导轨的顶部；

（5）按图 3-19❺所示缓慢减小钻桅的前倾角度直到其前端面与水平面垂直为止，按下“主卷高度限位”按钮，同时下放主卷钢丝绳，当钻杆方头进入动力头减震器的内部空间之后，动力上需要有人观察并及时调整钻杆外键与动力头驱动套内键的位置关系，确保两者安装位置的正确。

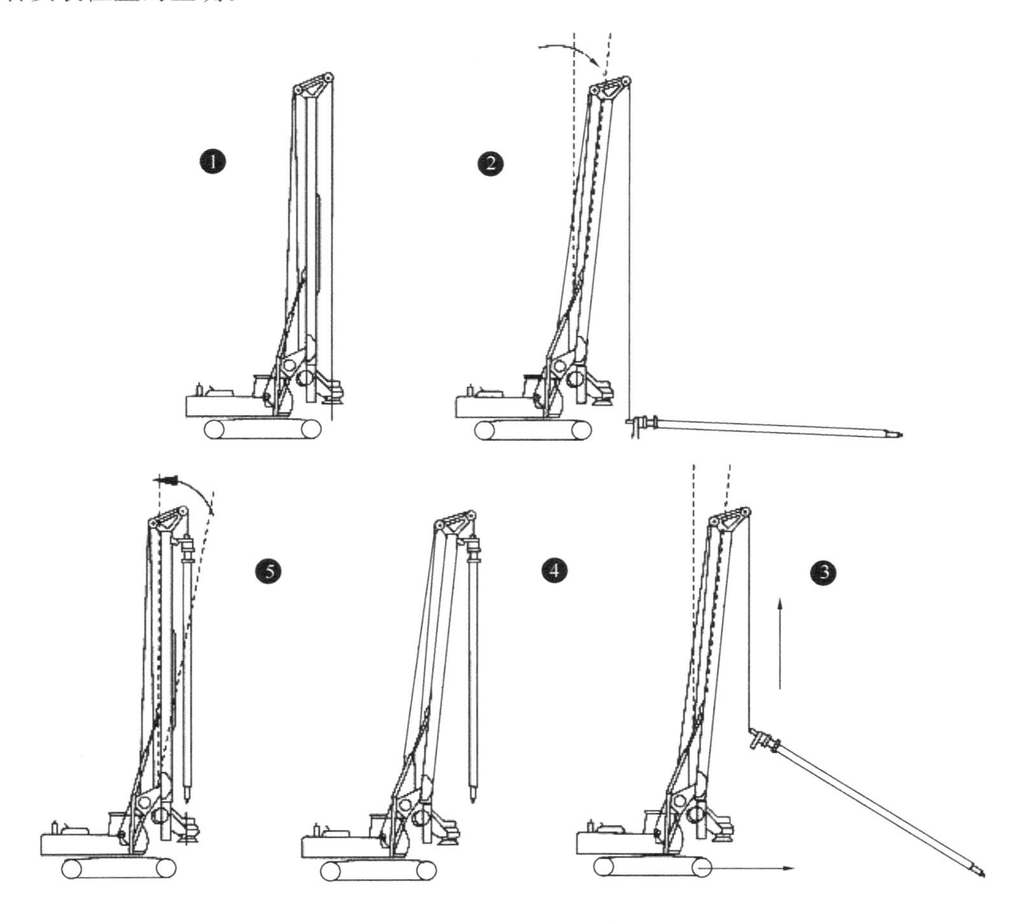

图 3-19　钻杆的安装

2. 钻杆安装注意事项

（1）钻杆安装操作尽量安排在白天进行，防止因夜间视线不清，在安装过程中出现事故；

（2）起吊钻杆场地必须开阔，地面平整坚实，避免起吊过程中旋挖钻机发生倾斜和翻覆；

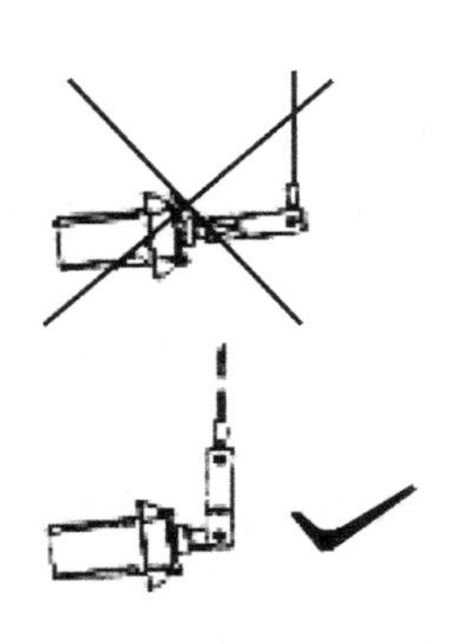

图 3-20　安装钻杆过程中提引器与吊耳板位置关系

(3) 起吊时钻桅前倾角度不得大于 5°，避免钻机因前倾过多失稳，导致翻车事故；

(4) 起吊钻杆前，应确保钻杆轴线与旋挖钻机纵向平面重合，避免起吊时钢丝绳在天轮处脱槽；

(5) 起吊钻杆前，吊耳板要垂直于地面，保证钻杆安装过程中，提引器与钢丝绳处在同一条直线上（图 3-20），避免提引器和钻杆内节连接处发生变形或损坏；

(6) 在起吊过程，以钻杆方头和地面触点为支点，钻杆提升和钻机前行要缓慢并保持同步，避免钻杆托架和钻桅发生碰撞；

(7) 钻杆下端提升高度超过动力头上端减震器时，并确认钻杆托架两个开口分别套入钻桅两侧的滑道，方可下放钻杆；

(8) 钻杆下端放入动力头驱动套时，必须保证两者的键槽吻合。

3. 钻杆的使用

(1) 机锁加压式钻杆使用要点

钻机在进入新孔位后，应先将钻头放至地面，使钻机桅杆不受力后，进行桅杆调垂操作，此时，地面应平整且坚实（图 3-21）。

1) 下放钻杆时，必须缓慢反转动力头，避免孔壁擦碰钻头，造成下放期间摔杆。

2) 钻杆解锁，操作方法如图 3-22 所示。

3) 上提钻杆时需观察仪表盘副泵压力表，并倾听发动机声音，了解功率变化情况，判断是否有明显超重。如有明显超重，表明解锁不彻底，此时应下放钻杆至孔底，按解锁步骤重新解锁。

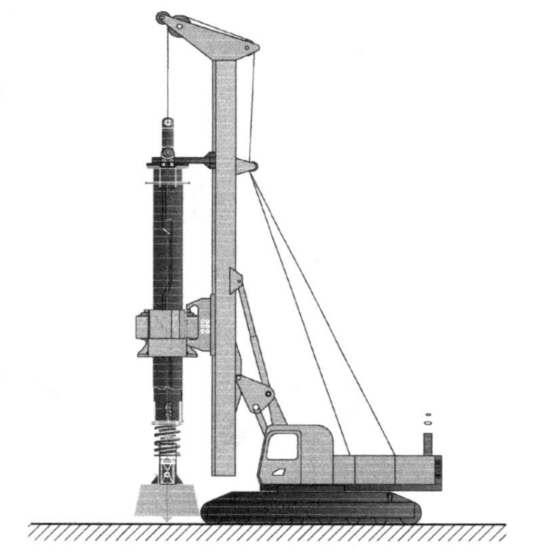

图 3-21　机锁加压式钻杆

(2) 摩阻加压式钻杆操作要点

1) 使用动力头加压钻进时，连续加压行程不得超过 1m。摩阻杆通过滑动摩擦力加压，中间各节易产生相对滑动，从而导致某节悬空。当动力头停转或在反转时，悬空的单节钻杆会下落复位，即会出现摔杆现象，造成钻杆损伤。

2) 为避免摔杆，每次加压近 1m 时，需使动力头停顿并上提一下加压油缸，或进行少许反转操作更佳，确保使钻杆复位；随后动力头继续正转钻进，直至满斗。

4. 钻杆使用注意事项

(1) 钻杆存放：

1) 钻杆拆装摆放时要用枕木垫平，防止碰撞和局部变形，避免杂物进入各层钻杆之间内部，造成卡阻问题。

2) 当钻杆需要长期放置停用时，应及时冲洗内牙段部位，确保钻杆内部没有泥沙、渣土等杂物，以免泥沙等杂物固结影响下次使用。

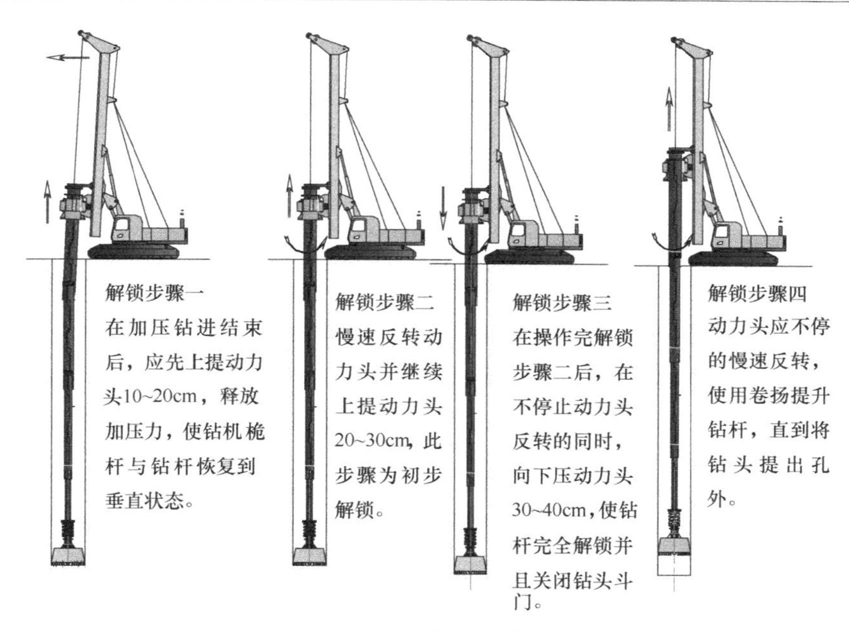

图 3-22 钻杆解锁步骤

3）钻杆安装完毕后，在施工之前，正反转钻杆几次，避免钻杆内部因长期闲置而进入杂物，引起卡阻。

（2）钻杆安全使用：

1）钻机工作一段时间后，应检查各支撑油缸有无渗漏现象，以免桅杆前、后、左、右倾斜，导致打成斜孔。

2）确保钻杆与钻头连接牢固，以免钻头销脱落，钻头掉落孔底。

3）了解每节钻杆伸出完毕后，钻头在孔内的位置，同时也要了解，在某一深度时，每节钻杆的伸出状态。这样在提升钻杆时，就知道哪一节钻杆在何位置开始上升，主卷提到了第几节钻杆，提升力大约的范围，当提升力发生明显变化时，就知道是否产生了带杆，从而避免摔杆。

4）使用过程中，如果经常出现带杆现象，应及时将钻杆放下，按拆解步骤拆开后，进行检查、保养。

（3）钻杆应严禁下列违规使用：

1）严禁使用钻杆方头来拨动钻头，以免引起方头弯曲乃至断裂。钻杆连接钻头后，严禁压放护筒、搅拌泥浆及拨土等非钻孔操作，以免引起钻杆损坏。

2）使用机锁钻杆钻进时，严禁过度加压，造成前履带离地。

3）机锁杆提升过程中，如果出现带杆现象，应将钻杆下放至孔底，重新按照解锁步骤进行解锁；严禁通过正反转钻杆解锁，以免产生摔杆现象。

4）当钻头卸土困难时，尽量避免通过快速正反转钻杆或高频上下抖动来实现卸土，这种操作会引起钻杆的疲劳破坏。

二、钻头

目前旋挖钻机钻头种类越来越多，根据钻头的结构和使用功能不同可大致将其划分为以下几大类：捞砂斗、筒钻、螺旋钻头、扩底钻头及特殊钻头。捞砂斗、筒钻、螺旋钻以及扩底钻头是比较常见的钻头，这些钻头应用较为普遍，适应地层范围较广，可满足90％以上的地层施工。还有一类特殊钻头，针对性强，适应性差，仅可满足某种特殊工况的施工。

（一）钻头选用

合理选择钻头，是保证旋挖钻机高效施工的关键。

1. 捞砂斗

捞砂斗在各类旋挖钻头中使用范围最广，其最突出的优点是携渣效果好。根据其进土口数量、底板形式、钻齿类型等结构参数的不同，又可将其细分为以下几种钻头，可分别适应不同的地层。

（1）双底双开门截齿捞砂斗（图 3-23）

优点：截齿强度大、岩层钻进效率高；通过反转可以关闭进土口，桶内钻渣不易流出，携渣能力强。

缺点：当钻孔直径 1000mm 以下，在黏土地层中钻进时，倒渣困难；钻孔直径 1200mm 以下，在卵石、回填层钻进时，大直径卵石或回填物难以进入筒体；结构复杂，其侧边销轴、开合杆、底部销轴保养不及时，易造成钻头损坏；受截齿齿型的影响其土层钻进效率低。

推荐使用地层：密实砂层、密实卵砾石层、强～中风化岩层。

（2）双底单开门截齿捞砂斗（图 3-24）

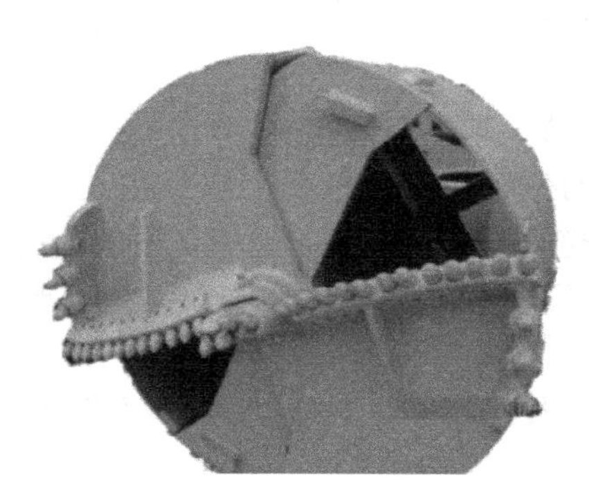

图 3-23　双底双开门截齿捞砂斗

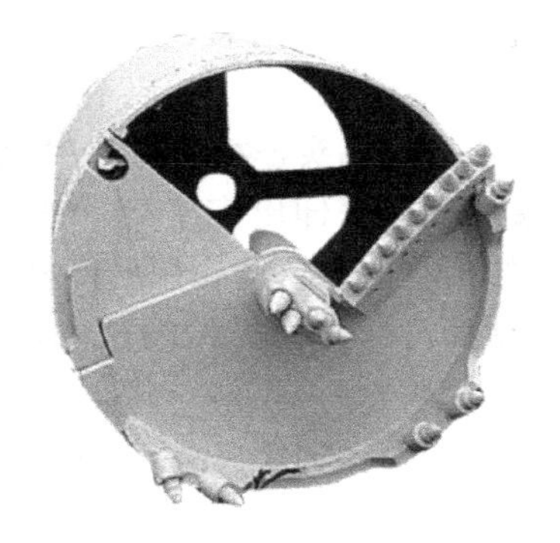

图 3-24　双底单开门截齿捞砂斗

优点：底板通过反转可关闭，桶内钻渣不易流出；进土口较大，避免了卵石、回填层钻进时，大直径卵石或回填物难以进入筒体的情况发生；在易打滑的泥岩等地层钻进时，可有效避免打滑现象。

缺点：钻进时钻头单边受力，受力不均，易发生钻孔倾斜。

推荐使用地层：大粒径的卵石层、回填层、容易打滑的泥岩地层。

（3）双底双开门斗齿捞砂斗（图 3-25）

优点：土层钻进效率高，底板通过反转可关闭，桶内钻渣不易流出。

缺点：钻孔直径 1000mm 以下时，在黏土地层钻进时，倒渣困难；直径 1200mm 以下，土层中存在孤石、漂石时，大直径的钻渣难以进入筒体；

推荐使用地层：适合淤泥、松散砂层、松散卵砾石层、粉土、粉质黏土层。

注：在强风化岩层、软岩、极软岩地层可选配宝峨式斗齿。

（4）单底双开门斗齿捞砂斗（图 3-26）

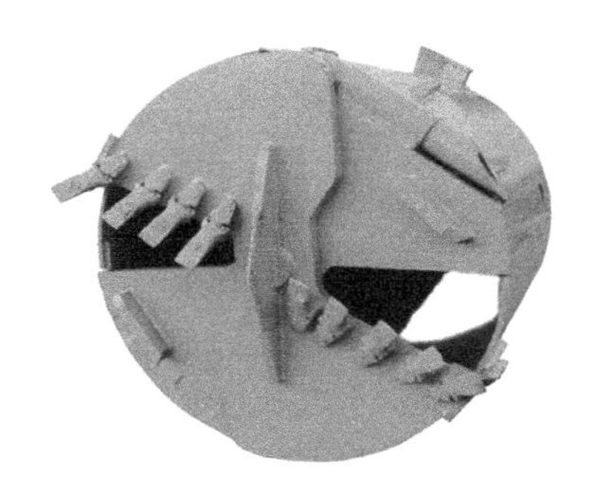

图 3-25　双底双开门斗齿捞砂斗

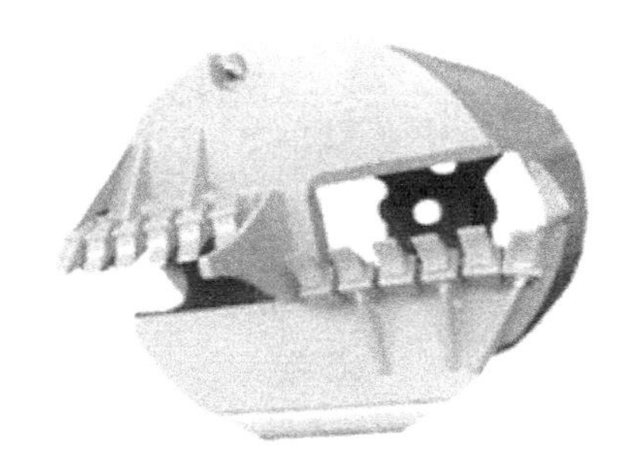

图 3-26　单底双开门斗齿捞砂斗

优点：进土口较大，进土容易；机构简单，制作成本低。

缺点：由于进土口无法关闭，松散的钻渣容易掉落出来。

推荐使用地层：淤泥质黏土层、黏土层等经扰动后不易松散的较软地层。

注意事项：

1）下钻前应观察钻头方头销是否牢固，钻齿是否损坏，开合机构挂钩是否完全复位。

2）单斗进尺不许超过筒体高度的 80%。

3）孔内提钻前反转 1～2 圈，待底门完全闭合后再提钻，严禁过度加压反转。

4）钻头上提过程如果发生卡阻现象，应该上下升降并慢速正反转，严禁强行提拉。

5）卸土时，钻头不要上提过高，动力头承撞体下放速度要慢，严禁高速冲击钻头压杆，操作时也可停下承撞体，采用上提钻头的方式打开，视个人习惯而定。如果卸土困难，可反复正反转，严禁快速上下抖动或碰撞周边物体。

6）及时更换严重磨损或损坏的钻齿。

7）当孔内掉落有大块金属异物时，严禁下钻或把钻头作为处理事故工具。

2. 筒钻

筒钻结构较为简单，主要应用在岩层钻进，根据钻齿的不同主要分为截齿筒钻、牙轮筒钻。

（1）截齿筒钻（图 3-27）

优点：结构简单，岩层钻进钻头不易损坏；若取芯成功能够大幅提高钻进效率；如取芯不成功，通过钻齿对岩层的环切破坏，为采用其他钻头再次破碎提供自由面，也有利于效率的提升。

缺点：不适合完整性较好的极硬岩地层钻进，取芯不成功需其他钻头配合捞渣。

推荐使用地层：硬岩地层、裂隙较发育的极硬岩地层。

注：遇溶洞地层、易斜地层可增加筒体高度。

（2）牙轮筒钻（图 3-28）

图 3-27　截齿筒钻

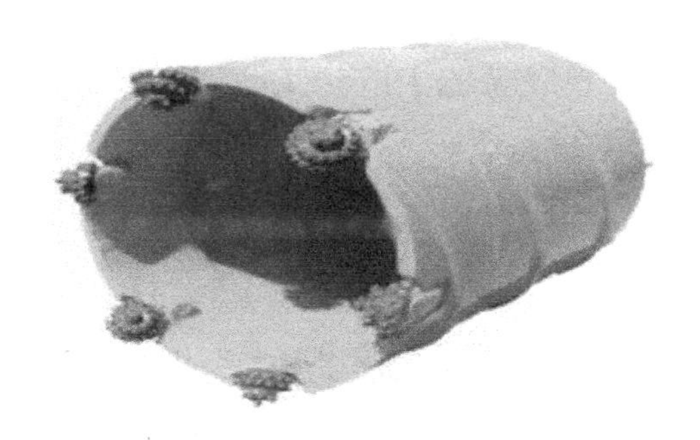

图 3-28　牙轮筒钻

优点：适合强度较大的岩层钻进且钻进平稳，对设备损伤小。

缺点：操作要求高，机手操作不当，极易造成牙轮齿损坏；单个牙轮齿价格较高，施工成本高。

推荐使用地层：完整性较好的极硬岩地层。

注意事项：

1）确认筒钻与钻杆连接是否牢固、钻齿是否完好，因为钻进岩层对钻头震动破坏力较大，需采用双销连接。

2）根据地层和扭矩阻力情况确定进尺量，若在钻进中发现钻进阻力突然减小（一般为岩芯断裂），可继续钻进 30～40cm，然后反转几圈，可提高取芯成功率。

3）钻进过程中如果发现截齿或牙轮磨损严重或损坏必须及时更换，且更换相同的齿型。

4）尽量避免将筒钻作为打捞处理工具。

3. 螺旋钻头

螺旋钻头相对于捞砂斗来说结构比较简单、使用较为方便。螺旋钻头根据不同的螺片数量、钻齿排布、钻齿类型以及整体形状等可以分为多种不同的钻头。在这里我们主要介绍钻进效果较优的单螺结构。

图 3-29　双头单螺截齿锥螺旋钻头

（1）双头单螺截齿锥螺旋钻头（图 3-29）

优点：密实卵砾石地层松动效果较好；螺距大，带渣能力强；双头强度大。

缺点：大直径钻头叶片易变形；有地下水时，带土效果不佳。

推荐使用地层：密实卵石层、强风化岩层、破碎状岩层。

（2）单头单螺截齿锥螺旋钻头（图 3-30）

优点：密实卵砾石地层松动效果较好；螺距大，带渣能力强。

缺点：大直径钻头叶片易变形；有地下水时，带土效果不佳；单头强度小。

推荐使用地层：密实卵石层、强风化岩层。

（3）双头单螺斗齿直螺旋钻头（图 3-31）

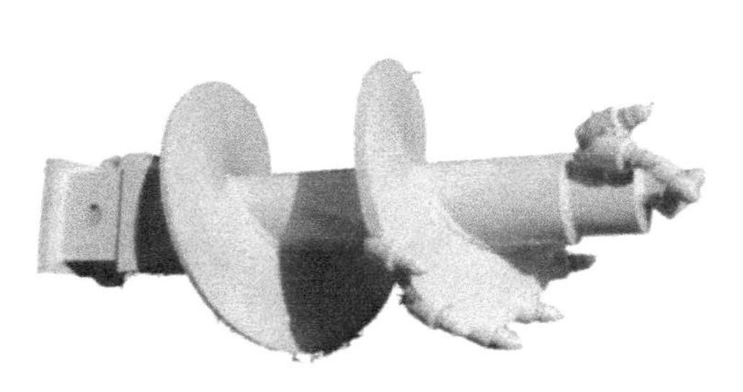

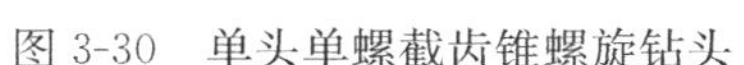

图 3-30 单头单螺截齿锥螺旋钻头

图 3-31 双头单螺斗齿直螺旋钻头

缺点：有地下水时，带土效果不佳；斗齿强度较弱，遇较硬地层容易断齿。

优点：土层钻进效率高，携渣能力强，卸土快。

推荐使用地层：适用于不含地下水的土层、砂土层、胶结性差的小直径砾石层。

注：在土层较稳定的情况下，可将钻头高度加高，提高钻进效率。

注意事项：

1）下钻前应观察钻头方头销是否牢固，钻齿和先导尖是否完好。

2）严禁大钻压快转速钻进，遇到憋钻现象，应将钻头提升再次轻压慢转。

3）钻进深度不宜过大，提下钻时要平稳慢速，防止钻头与孔壁碰撞导致钻渣掉落或引发孔内事故。

4）钻头上提过程如果发生卡阻现象，应该上下升降并慢速正反转，直至解除卡阻现象，严禁强行提拉。

5）卸土时反转钻头，困难时可轻压慢转钻入地表或钻渣堆，严禁上下抖动或碰撞周边物体。

6）及时更换磨损严重或损坏的钻齿。

7）在孔内掉落有大块金属异物时，严禁下钻或把钻头作为处理事故工具。

4. 扩底钻头

结构复杂，主要满足桩孔设计时，桩底扩大头的要求，常见的为适用土层钻进的斗齿扩底钻头、适用岩层的截齿扩底钻头以及牙轮扩底钻头。其中截齿扩底钻头应用最为广泛，基本可满足大部分扩底施工要求。

注意事项：

（1）下钻前应观察钻头与钻杆连接方头销是否牢固，切削齿是否完好。

（2）根据扩底要求，在下钻前确定最大扩底直径时需要的下行行程，即在扩底钻头完全收缩状态下慢放使两扩翼张开至所需要直径时前后两种状态下的高度差。

（3）扩底时会发生大量钻渣落入孔底，一般扩底行程为所需行程的1/3时，使用捞砂斗及时清渣。

（4）扩底时严禁快速加压旋转，可通过钻具自重或摩阻点压扩至所需直径。

（5）提钻受阻或连杆无法收缩时，严禁强力提拔，可微量上下窜动并正反转，直至阻力消失。

5. 特殊钻头

（1）分体式钻头

结构相对较复杂，筒体上部销轴及筒体长期开合、加压，极易发生变形，导致钻头损坏。

1）斗齿分体式钻头（图 3-32）

优点：易倒土、钻进效率高。

缺点：钻头连接筒体与方头销轴易变形；斗齿强度低，易掰断。

推荐使用地层：桩孔直径小于 1200mm 黏土地层。

2）截齿分体式钻头（图 3-33）

图 3-32 斗齿分体式钻头

图 3-33 截齿分体式钻头

优点：钻进效率高，能有效避免糊钻、托底等问题。

缺点：钻头连接筒体与方头的销轴易变形；遇到强度较大岩层时，加压过大极易损坏。

推荐使用地层：泥岩、泥质砂岩等容易糊钻的软岩、极软岩地层。

注意事项：

1）使用分体式钻头时，严禁加压过大，导致钻头损坏。

2）分体式钻头筒体结构较脆弱，严禁使用分体式钻头在中硬岩地层施工。

3）分体式钻头顶部销轴晃动量增加后，应及时维修，避免筒体变形加剧。

4）使用分体式钻头卸土困难时，应通过钻头轻微接触地面反转打开，避免通过反复正反转方式卸渣土。

5）分体式钻头筒体限位块脱落、变形后，应及时维修。

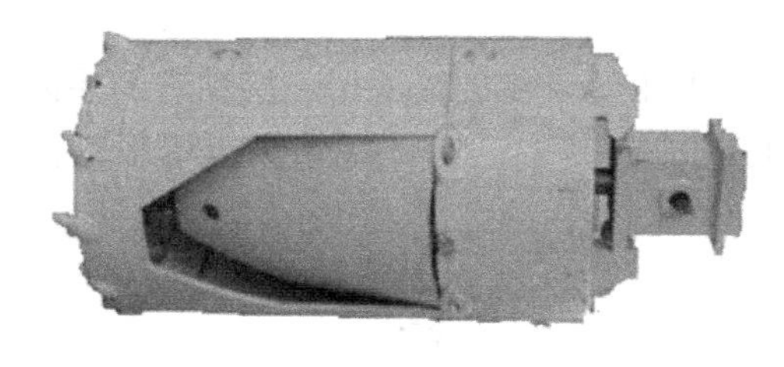

图 3-34 取芯式筒钻

（2）取芯式筒钻（图 3-34）

优点：取芯成功率较高。

缺点：机构过于复杂，安全隐患较多。

推荐使用地层：完整性较好的中硬岩取芯钻进及大卵石、孤石地层钻进。

（3）Y 形筒钻（图 3-35）

优点：进土口较大，大颗粒容易进入筒体。

缺点：制作成本较高，含水孔带渣效果不佳。

推荐使用地层：碎石土、大直径卵砾石地层、回填层。

6. 钻头选用原则

（1）钻头选择时优先考虑结构简单、使用方便的钻头，特殊地层施工应选择针对性强的特殊钻头（如：黏土地层、小孔径土层钻进可以选用分体式钻头）。

（2）采用单一钻头岩层钻进效率不高时，应考虑选择多种钻具组合施工，如：筒钻配合截齿捞砂斗。

（3）大直径桩孔钻进时根据实际情况考虑分级钻进，按照分级方式选择相应的钻头。一般要求相邻两次钻孔直径级差应控制300～600mm之间，不应小于300mm。地层强度越小级差越大，可控制在500～600mm，岩层强度较大时可控制在300～400mm。首级钻孔直径一般可控制在800～1500mm，为桩孔直径的0.5～0.8倍。地层强度越小，首级钻孔直径越大；地层强度越大，首级钻孔直径越小。如图3-36所示。

图3-35　Y形筒钻

（二）钻头方头

市场上方头（图3-37）现有两种规格：200mm×200mm、250mm×250mm。200mm×200mm规格的方头主要使用在扭矩360kN·m及以下吨位钻机；250mm×250mm的方头主要使用在扭矩390kN·m及以上吨位钻机。

注：购置钻头时，要首先确定钻杆方头的尺寸，选择正确尺寸的钻头，以免钻头方头与钻杆方头无法连接配合（图3-37）。

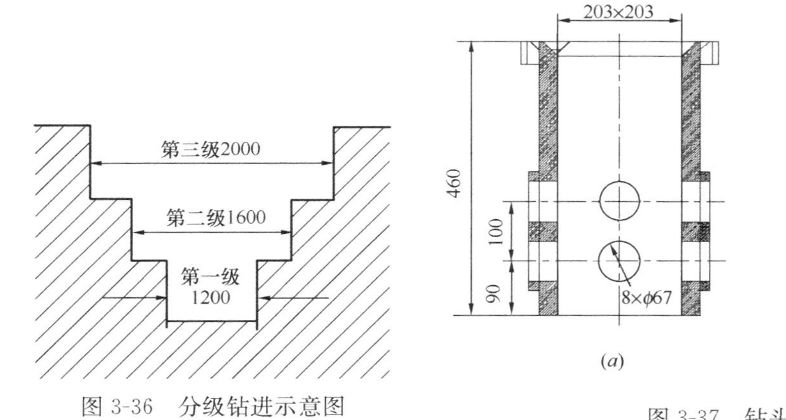

图3-36　分级钻进示意图

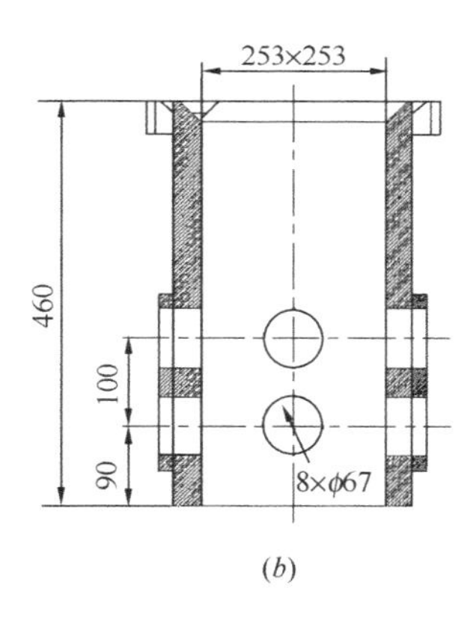

图3-37　钻头方头尺寸

（三）钻齿

1. 斗齿（图3-38）

斗齿采用硬度较大的耐磨合金铸造而成，目前旋挖市场上使用的斗齿类型主要有25T、V19、V20等几种齿形。

25T（左边两个）是美国爱思柯专利产品，中间插销子，加工难度小，单价较高；V19（中间两个）同为美国爱思柯专利产品，侧边插销子，加工难度大，安装稳定性好，单价较高；V20（右边两个）是国产齿，安装方式与V19类似，性价比较高，是国内旋挖市场的常用斗齿。

优点：齿尖与地层的接触为线接触，接触面积较大，钻进效率高。

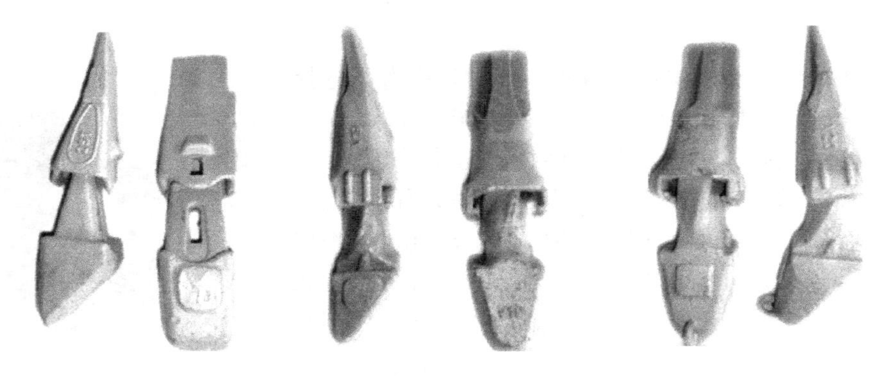

图 3-38　头齿

缺点：斗齿强度低，遇强度较大地层易损坏。

推荐使用地层：除密实砂层、密实卵砾石层以外的土层。

2. 铲齿（图 3-39）

铲齿为斗齿的升级版，自身强度较高。

优点：齿尖与地层的接触为线接触，接触面积较大，钻进效率高。

缺点：齿背强度加强后，钻进时会造成一定钻进阻力，土层钻进效率不如普通斗齿（V19、V20、25T）。

推荐使用地层：密实砂层、密实卵砾石层、强风化基岩、中风化泥岩、中风化泥质胶结的砂岩（灰岩）等软岩、极软岩地层的钻进。

3. 截齿（图 3-40）

截齿的胎体一般为高强度合金钢，合金头为硬质合金。

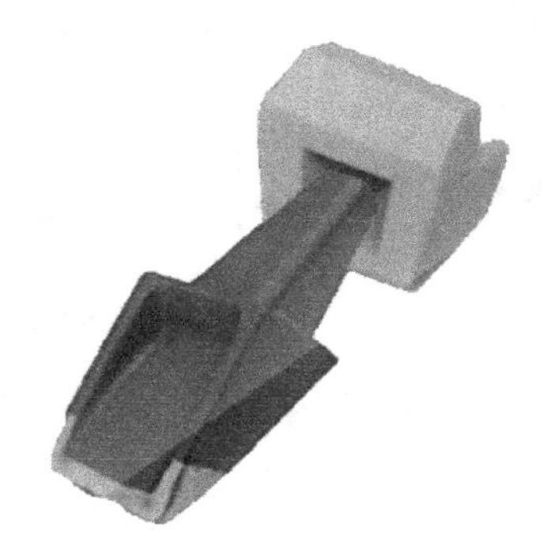

图 3-39　铲齿

图 3-40　截齿

在旋挖市场上截齿的型号中，如 HQ3050—22，30-指齿座配合直径（mm），50-胎体最大直径（mm），22-指合金部位最大直径（mm）。

目前市场上常见的截齿合金头直径有 19、22、25mm 三种，尤以 22mm 的使用最为广泛。

优点：齿尖与地层为点接触，接触面积小，能够提供较大的切入力。

缺点：在强度不大地层钻进时，破碎效率低；强度极大地层，截齿磨损严重。

推荐使用地层：密实砂卵砾石层、坚硬冻土、硬岩等地层。

4. 牙轮齿（图 3-41）

牙轮在随着旋挖钻头转动的同时，牙轮齿会产生自转，通过自转产生的冲击载荷来破碎岩石。

优点：钻进平稳，对设备损伤小。

缺点：单齿价格高，加压力过大钻齿极易损坏。

推荐使用地层：中风化及微风化花岗岩、闪长岩、硅质灰岩、硅质砂岩等极硬岩地层。

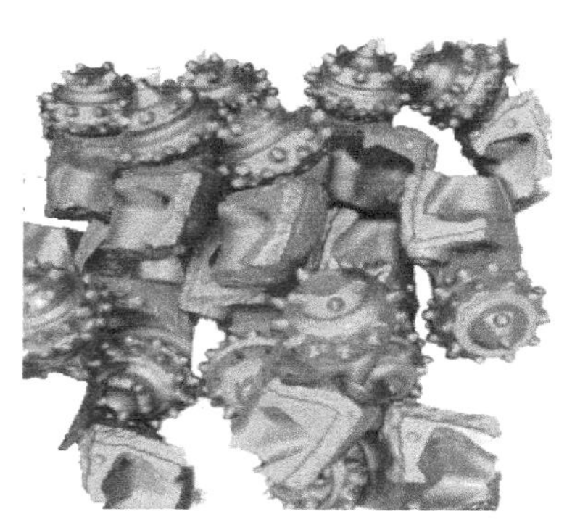

图 3-41　牙轮齿

第五节　不同地层施工工法

根据不同地层，因地制宜地选择施工设备、配套钻具以及施工工艺是旋挖施工工法的重要内容，也是达到高施工效率、低施工成本的关键。其中，土层和岩层施工工法中考虑的施工因素和特点也各有侧重。具体选择时要依据岩土勘察报告提供的地质信息进行分析解读。

一、土层施工工法

土层施工工法主要指在第四系地层中的施工方法，第四系地层是旋挖施工过程经常遇到的，也是钻进事故发生率较高的地层。因此，对于第四系土层，也应分门别类的选择施工手段。

（一）填土

填土系由人类活动而堆填的土，对于岩土勘察报告中出现的填土内容，可以按表 3-13 进行分析。

填　土　　　　**表 3-13**

关注要点	分析解读
回填时间	堆积时间超过 10 年的黏性土、超过 5 年的粉土、超过 2 年的砂土，均具有一定的密实度和强度。在这类地层中钻进相对较易
回填物	回填物的主要成分（砂、土、碎石、建筑垃圾），成分不同工程性质相差很大，颗粒填充物的密实度，密实度差会出现漏浆现象
漂石孤石	回填层中大孤石、漂石一直是施工中较难处理问题
回填深度	回填厚度越大，施工难度越大越容易塌孔

（二）细粒土

细粒土是指粒径大于 0.075mm 的颗粒质量不超过总质量的 50%，可细分为粉土和黏土。这部分需要分析的内容见表 3-14。

细粒土　　　　**表 3-14**

关注要点	分析解读
塑性指数大小	塑性指数 I_p>17 时土的黏性较大，倒土困难，I_p值越大倒土越困难
黏稠状态	土层的液性指数 I_L>1.00 为流塑，层厚较薄情况下，易塌孔，需做护壁处理，较厚的流塑层且地下水丰富时需结合全套管施工

（三）砂层

土颗粒粒径介于 0.075 ～2mm 之间颗粒质量量超过全重 50％的土，称为砂土。砂土层是施工中事故多发地层，也比较难以处理，对其分析时，要综合以下几点见表 3-15。

砂　层　　**表 3-15**

关注要点	分析解读
密实程度	当标贯试验锤击数 $N \leqslant 10$ 时砂土的密实度较差，易塌孔需做护壁处理，N 值越小越容易塌孔
饱和度	砂土的饱和程度高，在外界扰动情况下，容易发生砂土液化，造成失稳，孔壁坍塌
含泥量	含泥量高，对砂土颗粒会产生较强的粘结力，有助于其处于稳定
埋深	当埋深较大时，使用泥浆可以产生较大的液柱压力，从而有助于维护孔壁稳定
层厚	砂层越厚，塌孔几率越高，可能需要考虑结合长护筒施工

（四）碎石土

土颗粒粒径大于 2mm 的颗粒质量超过总质量 50％的土，称为碎石土。针对不同粒径的碎石土，在岩土勘察报告的描述中我们要分别重点注意方面见表 3-16。

碎石土　　**表 3-16**

关注要点		分析解读
砾石	密实度	当 $N \leqslant 5$ 时，即密实度为松散，易塌孔需做护壁处理；$N > 10$，地层稳定，但是在有地下水的情况下需要泥浆护壁
卵石	粒径	卵石的粒径大小对采用什么样的钻具捞取有一定影响，一般情况下，卵石粒径较大时，需要选择开口较大的钻斗或螺距较大的螺旋钻头
	密实度和胶结程度	这两点共同影响着卵石地层的稳定性和钻进的难易程度。地层越密实，胶结越好，则地层稳定性也就越好，但是随着而来的问题时钻进时会产生一定困难，需要选择合适的钻具
漂石	粒径	当地层中出现粒径很大的孤石、漂石时，需要配置特殊钻具抓取或先进行破碎然后捞取

（五）钻具选用（表 3-17）

钻具选用　　**表 3-17**

地质情况				选　配	
地层类型	最大地基基本承载力	最大单轴饱和抗压强度	有无地下水	钻杆	钻头
淤泥层、粉土、粉质黏土、松软砂层、松散卵砾石层、粉质黏土	—	—	无	摩阻杆	双头单螺斗齿直螺旋钻头
			有		双底双开门斗齿捞砂斗
黏土	—	—	有		斗齿分体式钻头
	—	—	无		单底双开门斗齿捞砂斗
密实卵石层、密实砂层、半成岩	≤450kPa	≤10MPa	—		单头单螺锥螺旋钻头＋双底双开门截齿捞砂斗
含大石块的回填层、含大石块的卵砾石	—	—	—	机锁杆	取芯式筒钻＋双底单开门截齿捞砂斗、Y 形筒钻

二、岩层施工工法

入岩钻进往往是旋挖钻施工过程中的难点所在，岩土勘察报告中关于岩层的各项描述也是我们重点分析的内容。

（一）岩层施工考虑因素

1. 岩石种类

自然界中的岩石种类可分为三种：岩浆岩、变质岩、沉积岩。关于这三类的岩石的介绍，在地质篇中有相关内容，这里不再赘述。

（1）报告中常见岩石

1）沉积岩：泥岩、页岩、灰岩、白云岩、砾岩、砂岩、凝灰岩等；

2）变质岩：片岩、片麻岩、千枚岩、板岩、大理岩、石英岩等；

3）火成岩：花岗岩、闪长岩、玄武岩、橄榄岩等。

（2）三类岩石的整体钻进难度

1）岩浆岩的强度和硬度都较高，研磨性较强，钻具磨损严重，钻进时较困难；

2）沉积岩的强度和硬度变化不一，总体较适于钻进；

3）变质岩的强度和硬度变化不均，部分较适于钻进。

（3）各类岩土可钻性分级

表 3-18 为地质勘探行业所用的岩石可钻性分级表，根据可钻性的等级来反映不同岩石种类的钻进难易程度，等级越高，越难易钻进。这个表格里未考虑风化等其他因素。

岩土可钻性分级表　　　　**表 3-18**

岩石等级	岩石类别	代表性岩土
1	松软疏散的	次生土、壤土、矽藻土
2	较软疏散的	黄土、黏土、冰
3	软的	风化变质的面岩，千枚岩，泥灰岩，烟煤
4	较软的	页岩类，较致密的泥灰岩，岩盐
5	稍硬的	泥质板岩，细粒石灰岩，蛇纹岩
6	中等硬的	微矽化的石灰岩，石英云母片岩，
7	中等硬的	矽质石灰岩，石英二长岩，角闪石，
8	硬的	矽卡岩，千枚岩，微风化的花岗岩
9	硬的	高矽化的石灰岩，粗粒的花岗岩，矽化凝灰岩
10	坚硬的	细粒花岗岩，花岗片麻岩，坚硬的石英伟晶岩
11	坚硬的	刚玉岩、石英岩，含铁矿的碧玉岩
12	最坚硬的	未风化致密的石英岩，碧玉岩，燧石

2. 风化程度

岩石及其组成岩石的矿物一旦暴露于地面，在地表的低温、低压环境中和化学及生物甚为丰富的条件下，矿物和岩石会发生机械碎裂，也可通过分解与化合，使整体、坚固的岩石逐渐成为碎块、砂粒和泥土，一些可溶于水的成分随水流失，一些能适应新环境的矿物堆积在原地，这种变化统称为风化作用。

岩石按风化程度的不同，可分为残积土、全风化岩石、强风化岩石、中等风化岩石、微风化岩石和新鲜岩石。关于风化的鉴别判断，在地质篇中有涉及，这里不再赘述。岩石风化程度的大小对其强度有着重要的影响。一般情况下，对同一种岩石，岩石风化程度越大，岩石强度就越小。这对旋挖钻机施工而言是一个，非常重要的影响因素。

3. 节理裂隙

节理是岩石中的断裂，其沿断裂面没有位移，与断层相对应。节理是地壳上部岩石中发育最广的一种构造。据节理发育的过程、成因、力学性质规模及其与区域构造的关系出发，可以将节理分为许多类型：原生节理是在岩石的成岩过程中形成的，次生节理是成岩以后形成的；非构造节理是由外来作业形成的，构造节理则是由内力作用形成的；走向节理（或纵向节理）与岩层走向（或褶皱方向）一致，倾向节理（或横向节理）与它们的倾向一致，斜向节理（或斜节理）则与它们呈斜交的关系。

旋挖钻机施工属于大口径钻孔施工，其在岩石地层的成孔难易程度，不仅受岩石微观上的造岩矿物、物理力学性质影响，很大程度上也取决于岩石节理裂隙这些宏观性质。通过对岩石节理裂隙发育情况的分析，对选择合理的施工工艺方法有着重要的影响。

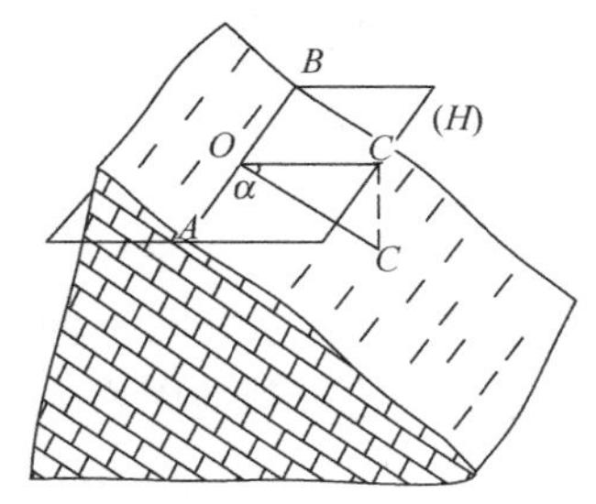

图 3-42 岩层的产状要素
（H）—水平面；AOB—走向线；OC—倾向线；α—倾角

4. 岩层产状

岩层的产状是指层状岩石在地壳中的空间方位和产出状态。层状岩石指在外貌上呈现层状构造的岩石，沉积岩最突出的特点即是具有层状构造，大部分火山岩和一部分变质岩也可以显示出层状特性。

岩层的产状多用岩层的走向、倾向和倾角三个要素来度量。走向是岩层层面与水平面相交所得的直线所指的方向；倾向是在层面上与走向性垂直并沿斜面向下所引的直线所指的方向；倾角是倾向线与它自身在水平面上投影的夹角（图 3-42）。

在旋挖钻施工过程中，经常需要入岩钻进。入岩钻进的难度不仅体现在岩石破碎的难易程度上，还受岩石钻进时地层造斜因素的影响。之所以要研究岩层的产状，一方面是因为在某些具有层理、片理等构造特征的岩石，其可钻性具有明显的各向异性，钻头垂直于岩石岩层方向钻进的岩石破碎效率最高，而平行于层理的方向，效率最低，因此，在倾斜岩层中钻进时，极易产生钻孔向垂直于层面的方向弯曲（俗称顶层钻进）；另一方面，当钻孔以锐角穿过软硬岩层界面，从软岩进入硬岩时，由于软、硬部分抗破碎阻力的不同，使钻孔朝着垂直于层面的方向弯曲（图 3-43）。

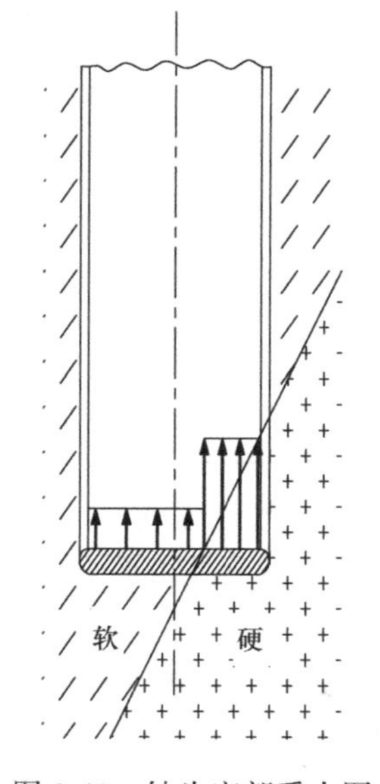

图 3-43 钻头底部受力图

钻孔轴线与其在岩层面上正投影的夹角称为钻孔遇层角。钻孔遇层角存在临界值，超过此值时，钻孔顶层钻进；低于此值时，钻孔将沿硬岩的层面下滑（顺层跑）。

因此，研究岩层产状的意义在于，对孔斜规律明显的地层或岩层倾角较大、钻孔轴线无法与之垂直相交的地层，应准备好应对措施，防止孔斜或纠正孔斜。

5. 胶结物

彼此分立的颗粒被胶结物焊结在一起的作用称为胶结作用，在胶结作用中，从颗粒间水溶液中沉淀出来，对分离颗粒起焊结作用的物质称为胶结物。常见的胶结物主要为硅质，钙质、泥质和铁质，不同的胶结物对沉积岩的强度有很大影响。

硅质胶结，胶结物主要是隐晶质石英或非晶质 SiO_2，抗压强度高，耐风化能力强；钙质胶结，胶结物主要是方解石、白云石，岩石的强度和坚固性高，但具可溶性，遇稀盐酸作用即起泡反应；泥质胶结，胶结物主要为黏土矿物，结构松散、易碎，抗风化能力弱，岩石强度低，遇水易软化；铁质胶结，胶结物主要组分为铁的氧化物和氢氧化物，多呈棕、红、褐、黄褐等颜色，胶结紧密、强度高，但抗风化能力弱。

对沉积岩而言，同一种岩石其胶结物的成分不一定相同。通过对上面的胶结物的介绍，不同胶结物的力学性质差别很大，因此，对旋挖钻施工而言，胶结物的性质是评价其施工难易程度不可或缺的因素。

（二）岩石破碎边界理论

（1）表面破碎

钻进工具上所施加压力远不足压入硬度，钻头的切削刃在岩石表面研磨，破碎产物呈细微粉末，破碎效率低；

（2）疲劳破碎

轴向单位压力仍小于岩石的压入硬度，在岩石表面研磨的过程中，产生一些疲劳破坏，破碎产物既有岩粉，又有岩屑。

（3）体积破碎

轴向载荷大于岩石的压入硬度，钻头切入岩石，产生大的剪切，形成体积破碎，产物是碎块和岩屑，破碎效率高。

因此，旋挖钻机施工必须有足够大的压力和扭矩来满足体积破碎的要求。

（三）岩层取芯技术

利用筒钻进行岩层取芯是提高岩层施工效率的关键措施。筒钻取芯可以将原有成孔采用的全断面破碎方式，转变为环切局部破碎，极大的降低了岩石破碎体积，提高施工效率的同时也降低了相关钻齿的消耗。

但是岩层取芯并不是能够必定成功的，很大程度上需要依靠对钻具合理的改进和操作机手的手感，加高筒钻以及筒钻内增加凸起提高岩芯采取率的常用手段。

（四）大直径硬岩分级钻进

大直径硬岩成孔施工，对旋挖钻机的各项性能参数要求均较高，但是设备参数的增加之外，还需要采用一定的工法来提高施工效率，其中分级钻进工法已经得到广泛应用（图3-44）。

步骤 a：优先考虑采用小直径筒钻取芯；

步骤 b：采用更大直径的筒钻扩孔，扩孔钻渣落入小孔内；

步骤 c：捞砂斗捞取筒钻扩孔后的钻渣，大直径成孔。

通常分级时，每级级差在 40～60cm 之间，具体视地层强度和设备型号而定，见表3-19。

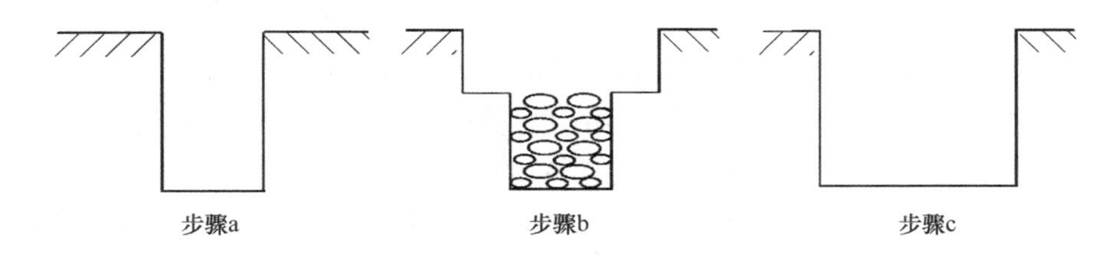

图 3-44　分级钻进工法步骤

旋挖钻机的典型分级参考表　　　　表 3-19

分级次数	孔径分级	适应地层
二级	Φ1.5、Φ2.2	饱和单轴抗压强度小于 50MPa
三级	Φ1.2、Φ1.5、Φ2.2	饱和单轴抗压强度小于 70MPa
四级	Φ1.0、Φ1.2、Φ1.5、Φ2.2	饱和单轴抗压强度小于 90MPa
五级	Φ0.8、Φ1.2、Φ1.5、Φ1.8、Φ2.2	饱和单轴抗压强度超过 90MPa

（五）岩层钻具选用（表 3-20）

岩层钻具选用　　　　表 3-20

<table>
<tr><th colspan="4">地质情况</th><th colspan="2">选配</th></tr>
<tr><th>地层</th><th>地基基本承载力</th><th>单轴饱和抗压强度</th><th>有无地下水</th><th>钻杆</th><th>钻头</th></tr>
<tr><td>强风化地层、中风化泥岩、中风化泥质粉砂岩、中风化泥质灰岩</td><td>≤800kPa</td><td>≤15MPa</td><td>—</td><td rowspan="4">机锁杆</td><td>双底双开门铲齿捞砂斗、截齿分体式钻头</td></tr>
<tr><td>中风化灰岩、中风化砂岩、裂隙发育的中风化花岗岩</td><td>≤2000kPa</td><td>≤60MPa</td><td>—</td><td>截齿筒钻＋双底双开门截齿捞砂斗</td></tr>
<tr><td>有溶洞、斜岩、岩石强度不均</td><td>—</td><td>—</td><td>—</td><td>加长筒钻＋双底双开门截齿捞砂斗</td></tr>
<tr><td>微风化灰岩、微风化砂岩、花岗岩</td><td>＞2000kPa</td><td>＞60MPa</td><td>—</td><td>牙轮筒钻＋双底双开门截齿捞砂斗</td></tr>
</table>

第六节　施工常见问题的预防处理

由于地质的不确定性以及其他人为因素，在旋挖钻机施工过程中，经常会遇到一些问题，这里将一些常见的施工问题的预防处理方法总结如下：

一、打滑问题处理

在旋挖钻机施工过程中，打滑不进尺现象是一类比较常见的问题。主要表现为：仪表显示的进尺深度不随着钻机动力头的行程变化而有所改变。每当施工过程中出现这类问题后，如没有采取适当的措施，往往要耗费较长的时间才能解决。

（一）问题分析

“打滑”之所以会产生，是受钻杆配置、地层性质以及机手操作经验三个方面的影响：

（1）钻杆配置。“打滑”大都是在钻机配置摩阻杆的条件下发生的，这与摩阻杆的工作原理有关：摩阻式钻杆传递压力的方式是靠内节钻杆外键与外节钻杆内键之间的摩擦作用实现的，内外键摩擦力大小又与动力头的扭矩大小是成正比的，动力头输出扭矩的大小则由钻头破碎地层的阻力决定的。

（2）地层性质。发生打滑现象的地层，一般具有较大的强度，往往需要施加一定的压力，钻齿才能很好地切入地层；

（3）操作经验。以上两个因素，一般情况下是不会导致打滑现象发生，但是当机手的操作水平不够熟练或者对地层情况不是很了解时，这种现象出现的几率就会大大增加。由于旋挖钻机在孔内施工正常情况下是连续切削的，上一次切削结束留下凹凸结构，为下一次的切削留下切入点。如果机手操作经验不足，使得切入点被多余渣土覆盖或者是磨平，从而导致下一次钻齿无法顺利切入，影响动力头扭矩输出，最终导致压力无法传递给钻头，钻头在孔底空转。

（二）处理方法

（1）利用现场辅助施工的挖掘机，向孔内投放半斗带棱角的碎石，再次下放钻头钻进，通过将碎石压挤到地层，为钻齿提供切入点，这种方法解决打滑现象较快，但操作不当，有可能会折断钻齿。

（2）利用一定的操作技巧来消除打滑。将动力头提升至最高点，快速反转，将孔底覆盖的虚土扫平，然后先加压，后旋转，通过这样使得钻杆内外键接触的瞬间，将压力传至孔底，钻齿切入地层。如果一次未能成功，可反复进行，不过单次加压行程不宜超过1m，以免发生摔杆，造成钻杆破坏。

（3）将钻头的钻齿的长度、角度加大，使钻齿更好地切入地层中。但是这种方式要耗费大量的时间，一般不推荐。

（三）预防措施

在采用摩阻式钻杆钻进呈坚硬状态的淤泥、黏土类地层时，操作机手要格外注意以下两点：

（1）控制好单次进尺量，避免单次进尺量过大，造成钻渣从钻斗顶部冒出，将硬地层切入点覆盖；

（2）在孔底提钻关闭斗门时，尽量避免多次反转，以免将钻齿切入点磨平。

对于易打滑地层，只要旋挖钻机操作者能够很好地做到上述两点，大多数情况下都能保证钻进正常进行。

二、糊钻问题

糊钻，是采用捞砂斗类或短螺旋类钻头在黏土类地层或者泥质类岩层中施工过程中，经常会遇到的问题，具体表现为钻头底部切削齿被泥土完全糊住，丧失破碎地层的能力。

（一）问题分析

糊钻问题的产生主要是由两方面产生的：

（1）受地层自身性质的影响。黏土类地层或者泥质类岩层中含有较多的高岭石、伊利石、蒙脱石之类的黏土矿物，这些黏土矿物遇水容易水化，但水化程度一般较低，这种情况下会使黏土矿物聚结在一起，产生较大体积的粘结物。

（2）受钻头捞渣效果的影响。受钻头底板钻齿携渣能力的影响，破碎下来的钻渣不能及时进入捞砂斗内，在钻斗底板下聚结积压，导致最后钻头底板钻齿被钻渣包裹。这也正是为什么斗齿钻斗被糊住的程度远小于截齿钻斗的原因。

（二）处理方法

由于地层的物理力学性质是无法人为改变的，所以解决的问题的思路还是要从钻具的结构入手。对于这类地层推荐配置分体式钻头。这种钻头一方面可以将斗齿携渣能力强的优势发挥出来且强度较高；另一方面则由于底板结构的变化减少了钻渣在底部堆积的可能性；最后，钻头成锥形，减少了钻头与地层的接触面积，钻齿入岩切入能力高。

（三）预防措施

在泥质类岩石、黏土、淤泥等易糊钻地层施工时，可以采用分体式钻斗来减少糊钻发生的可能性，在强度较低的地层可以选用斗齿或铲齿分体式钻斗；强度较高的地层则可以选用截齿分体式钻斗。

三、斜孔问题处理

“斜孔”，顾名思义，就是钻孔偏斜，钻孔的实际中心轴线偏移量超出了设计允许值。在旋挖钻机钻进成孔过程中经常会遇到发生斜孔的现象，多表现为钻杆逐步偏离护筒中心，向护筒一侧贴近，此时如果不及时通过纠偏来保证钻孔的垂直度，很可能会给后续施工带来较大的损失。

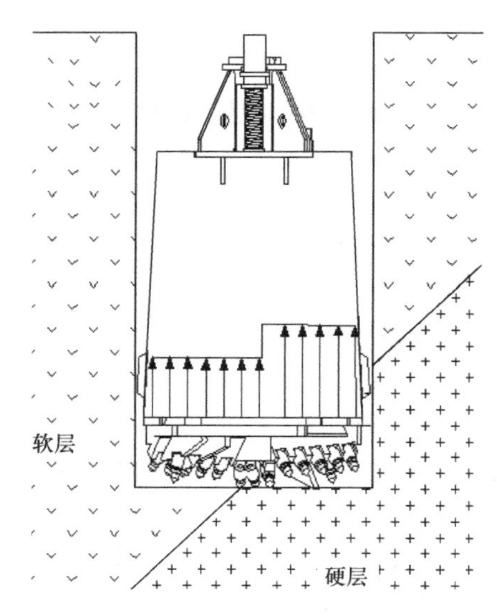

图 3-45 地层原因造成斜孔示意图

（一）问题分析

通常情况下，旋挖钻进过程中斜孔事故发生的原因，一般可归结为以下三个方面：

（1）设备问题。常见问题的主要有桅杆垂直度校对不准；动力头和随动架部位滑块磨损后，没有及时更换，甚至缺少；动力头内驱动套键条磨损严重不规则等，这些问题均能导致钻杆受力不均匀，从而造成钻孔偏斜。

（2）钻头问题。钻头方头尺寸要与钻杆方头尺寸配合紧密，如二者间隙过大，钻头产生晃动，很容易出现钻头向一侧倾倒的现象，导致孔斜；钻头自身导向性能的好坏对钻孔倾斜也有一定影响。

（3）地层问题。地层通常是诱发斜孔的关键因素，比如说倾斜岩层、软硬交替地层、溶洞地层、孤漂石等，这些地层的力学强度分布不均匀，钻进过程中容易引导钻头在孔底向一侧偏移，从而造成孔斜（图 3-45）。

（二）处理措施

（1）筒钻纠偏（图 3-46）。利用直径与孔径大小相等的筒钻进行扫孔，扫孔时不需要加压，利用筒钻的环切碎岩，将倾斜部位扫平。

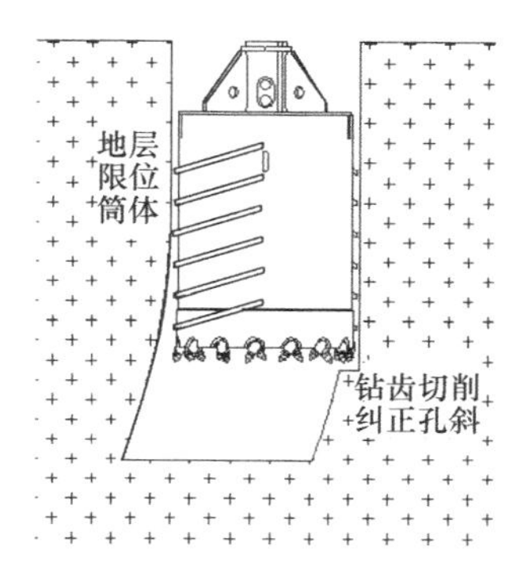

图 3-46　筒钻纠偏示意图

（2）回填处理。当偏斜过大时，使用筒钻纠偏耗费时间过长，且处理效果不佳，此时，急需要使用低强度等级水泥将倾斜段回填，并且待水泥具有一定强度后，再重新采用旋挖钻机钻进成孔。

（三）预防措施

（1）要做好设备的日常保养检修工作，确保设备在施工过程中处于最佳工作状态。

（2）施工前，要对相关地质资料进行详细地查阅，了解各层地层的力学性质，对于易产生孔斜的地层，做好相应地准备措施。

（3）对于容易出现孔斜的地层，在施工过程中做好钻孔垂直度的检测工作，及时纠偏，避免积少成多以至于造成较大的偏斜。

（4）对钻头的钻齿排列进行调整，增加导向尖，保证钻头导向性能。

（5）通过软硬不均地层，尤其是遇倾斜角度较大的斜面岩层时减缓钻进压力，平稳钻进。

（6）严禁在易斜层段长时间踩踏卷扬自放踏板，要间断性的微放，降低进尺速度，必要时可适量反转对孔壁进行修正。

四、溶洞地层施工

溶洞地貌广泛分布在我国的西南地区，其中尤以云南、贵州分布面积最广。在溶洞地区使用旋挖钻机施工时经常面临着突发各种钻孔事故（塌孔、漏浆、埋钻、卡钻等）的风险，当事故发生后往往要耗费较大的人力、物力以及财力来进行后续处理，将严重影响施工方的经济收益。

（一）溶洞诱发钻孔事故

（1）斜孔。溶洞造成钻机孔孔斜的主要原因是由溶洞下底板的不平整引起的。当钻头穿过溶洞，接触到溶洞下底板，遇到岩石表面倾斜或出现探头石，并且在无填充的溶洞中，钻头自由空间较大，很容易致使钻头沿空间阻碍相对较小的部位下滑，最终形成孔斜。

（2）漏浆、塌孔。这里形成漏浆和塌孔主要原因由于该地区的溶洞内部没有填充物，钻头在钻穿溶洞上顶板的一瞬间，大量泥浆会泄漏到溶洞空间内，使得孔内液面高度急剧下降，孔内泥浆产生的液柱压力也随之下降，当孔内泥浆压力不足以维护孔壁稳定时，便造成了塌孔事故。

（3）卡钻、埋钻。产生卡钻主要是由于无填充的溶洞内钻头自由空间较大，在上提钻头过程中，钻具在溶洞内出现一定量的晃动时，极易造成钻具卡在溶洞顶板上；产生埋钻则是由于在钻进过程中，钻孔出现坍塌将钻具埋在孔底。

（二）溶洞处理（图 3-47）

（1）抛填法。这种方法一般适用于高度小于 1m 的小溶洞。具体方法为：当钻头钻穿溶洞顶板时，同时将钻头提出孔外，然后先向孔内投入片石、黏土块，下入钻具反复挤压，使其密实。当使用测绳测得回填厚度超过 1m，溶洞范围形成护壁条件后即可放入钻头继续钻进。

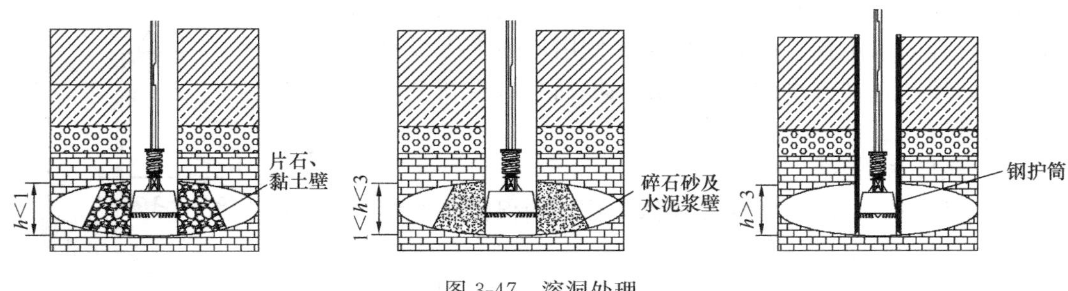

图 3-47　溶洞处理

(2) 碎石砂浆填充法。该方法一般多用于高度在 1～3m 之间的溶洞。由于溶洞高度较高，单单采用抛填的方法难以获得很好的护壁条件，故需要采用灌注混凝土填充法，具体方法如下：先向孔内抛填片（碎）石、砂混合物以及低标号的水泥浆，反复挤压，使水泥砂浆将片石空隙堵塞，停钻 24 小时待水泥的强度达到 2.5MPa 后，再继续钻进，穿过溶洞。

(3) 钢护筒跟进法。一般多用于高度大于 3m 的溶洞。具体施工方法如下：首先使用旋挖钻机钻进成孔至距离溶洞上顶板一定高度，然后采用振动锤将钢护筒振动下沉至钻孔位置，继续钻进，穿过溶洞，并及时将钢护筒下沉至溶洞底部。

上述三种方案不仅可以能够较好地预防溶洞地层漏浆塌孔、卡钻埋钻事故的发生，还能防止钻孔倾斜：前两种方法能够较好地改善钻头接触溶洞下底板时遇到软硬不均地层的情况，而采用钢护筒方法则能够对钻头起到一定的限位作用，再辅以合适的操作方法，从而避免孔斜。

（三）预防方法

(1) 施工前要详细地查阅地质报告，对溶洞的发育状态、位置分布、填充情况等有充分的了解。

(2) 根据溶洞的性质选择合适的施工方法，这样才能起到最好的溶洞处理效果。

(3) 施工过程中，要密切关注钻孔内泥浆的液面高度，当高度突然降低时，要及时将钻头提出孔外，并寻找原因，避免孔内压力过低造成孔壁坍塌导致埋钻事故的发生。

(4) 在孔口附近准备大量黏土、片石和一定数量的袋装水泥，同时现场布置两个较大的泥浆池，发现孔内有漏浆现象，要及时补浆和进行回填。

(5) 钻机操作手要调整好心态，钻穿溶洞接触到溶洞下底板时不要盲目加压，避免引起孔斜。

五、卡钻问题

“卡钻”，也是在旋挖钻进施工过程中属于比较常见的一类钻孔事故，其一般表现为钻头上提下放困难或者正反旋转不顺畅。卡钻现象出现后，往往会给施工方带来比较大的心理压力，一旦处理不当极易造成后果更为严重的埋钻事故，以至于导致巨大的经济损失。

（一）问题分析

对于卡钻事故产生的原因一般可总结为如下三点（图 3-48）：

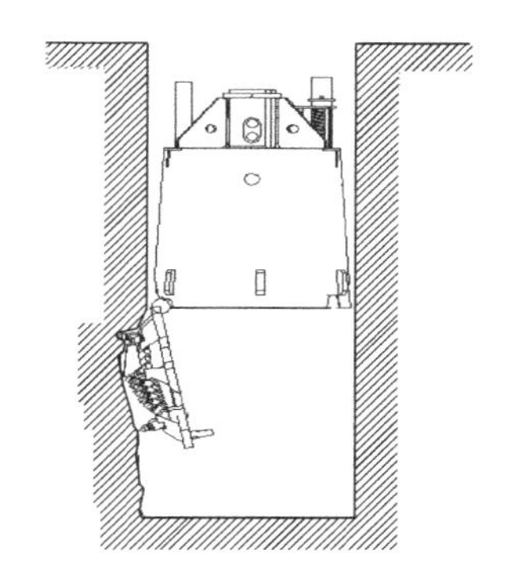
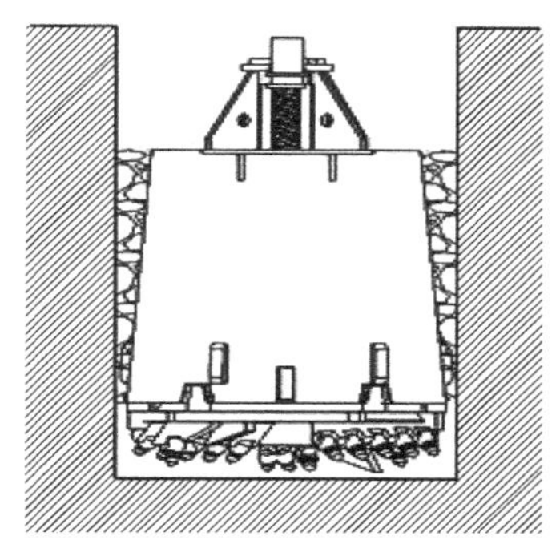
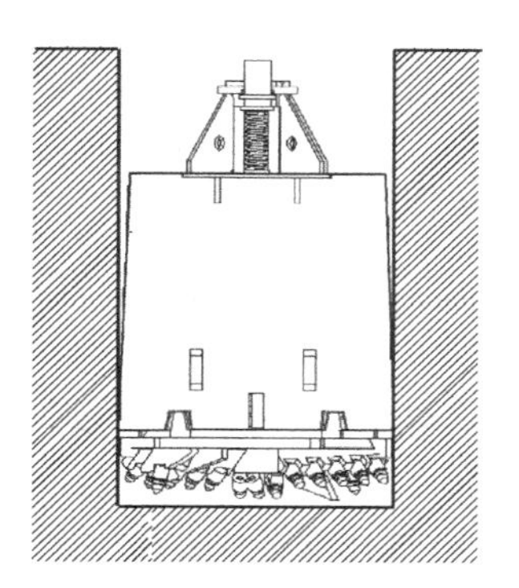

图 3-48　卡钻事故原因

（1）底板打开。这类原因引发的卡钻事故，一般多发生在使用底板开合式捞砂斗进行钻进的情况下。具体造成卡钻的原因多是由于底板在提钻的过程中呈打开状态，经过与孔壁的多次碰擦之后，卡在孔壁之上，最终导致整个钻头不能顺利提出钻孔。

而造成捞砂斗底板在孔内打开的因素一般可分为三类：①开合机构故障，当开合机构受到磨损或者变形等因素的影响时，挂钩不能顺利钩住底板，导致底板打开；②底板变形，当底板在孔底外力作用下产生较大变形时，很容易导致底板上的钩座无法被挂钩钩住，导致底板打开；③孔内落石，压杆受到掉落的石块等冲击作用，导致底板打开。

（2）筒体形状。使用筒体形状为锥形的钻头钻进回填卵砾石地层，当钻头对孔壁扰动过大时，受锥形钻头上窄下宽结构的影响，很容易造成筒体与钻孔孔壁之间的间隙被掉落下来的碎块充填，导致钻头上提困难，甚至被卡死。

（3）地层缩径。在易缩径地层（淤泥、黏土等地层）钻进，当出现缩径之后，钻头筒体会与钻孔孔壁形成大面积的接触，从而在筒体与地层之间产生较大的摩擦力，且由于在钻进过程中钻机所提供的最大加压力（钻机最大加压力与钻具自重压力之和），要远远大于其所能提供的最大提升力（钻机最大提升力减去钻杆自重），很容易出现钻头在大的加压力下克服摩擦力向下钻进进尺，而在有效的提升力作用下难以克服摩擦力而导致钻头卡死的现象。

（二）问题处理

（1）对于底板打开造成的卡钻现象，一般表现为旋转困难。当出现这类现象后切忌强行提拔，以免底板钻齿全部切入孔壁，使卡滞阻力大为增加。可通过在较低扭矩下正反转钻头的同时，缓慢提升钻头，在提钻中一旦副泵压力达到安全压力最大值，立即停止上提（防止钢丝绳因拉力过大出现断裂），钻头下放少许后可接着正反转几圈后再继续上提。当出现钻齿完全切入孔壁造成的卡钻现象时，直接上提难以解卡，这种情况下，就需要下入潜水员进行人工切除底板或者闭合底板，这样一来就增大处理事故的不安全性和经济成本。

（2）由落石引起的筒体卡死现象，一般出现在从孔底上提一段距离后，表现为上提困难、下放顺利，钻头正反转难度差别不大。当出现这种现象时，同样不能强力起拔，可通过缓慢提下钻头来松动筒体与孔壁之间的碎石块，一点点地尝试提出钻头。

（3）对于地层缩径造成的卡钻现象，主要发生在黏土、淤泥等地层条件下。对于这类卡钻现象，可采用吊车辅助作业，增大提升力。在缓慢旋转钻头的同时，吊车与主卷扬同时起拔，最终提出钻头。

（三）预防方法

卡钻这类事故，不管是由于何种因素造成的，处理起来都要耗费较大的成本，甚至处理不当还有可能演变为埋钻事故，对于这类事故还是应当以预防为主。针对这类事故总结的一些施工注意事项，供大家参考：

（1）要定期检查钻头的状态，并根据情况，进行相应部件的修复或者更换。

（2）在回填、卵砾石地层钻进施工时，尽量避免使用锥形钻头，并且注意操作的平稳，不要对孔壁产生过大的扰动。

（3）控制好单次进尺量，避免单次进尺过大，形成冒顶，卡滞钻头。

（4）遇到钻头卡滞时，切忌强力起拔。

六、埋钻问题

在各类旋挖钻机孔事故中，“埋钻”是其中最令人感到头疼的一类事故，其具体现象表现为孔底钻头上部覆盖有一定厚度的钻渣或者碎块，致使钻头无法提出孔外。埋钻与卡钻这两类事故之间最大的不同在于，卡钻一般可以通过旋挖钻机自身的功能（比如说上下活动钻具）来解决，而埋钻的处理则往往需要借助大量的外界辅助手段。因此这类事故一旦发生后，往往会为施工方带来巨大的心理压力，倘若处理不当，产生的经济损失巨大。

（一）问题分析

埋钻事故产生的原因，一般有以下几种：

（1）地层稳定性差，如松散回填层、砂层，卵砾石层等；

（2）操作不规范，如提下钻孔位没对中，对孔壁造成破坏引起塌孔；

（3）单斗进尺量过大，形成冒顶，特别是在清渣过程中很容易出现这种情况；

（4）钢丝绳拉断、钻杆撕裂、销轴脱落、提引器损坏等间接原因；

（5）泥浆性能没有满足施工要求，孔内沉渣量过大。

（二）解决措施

埋钻事故发生后，一般处理这类事故多采用“清、吊、炸、割、顶、捞、挖”等手段直到问题解决，具体如下：

（1）清。“清”主要是指清理沉渣，通过采用泥浆正反循环的施工工艺，具体清渣方式视地层情况而定，通过清渣将钻头上部的覆盖物清除，减小钻头上部阻力后，使用钻机主卷扬同时起拔钻杆，尝试将钻具提出孔外。

（2）吊。清孔完毕后，利用钻机自身的提升能不足以将钻具提出时，可以租用吊车来辅助作业。在钻杆上绑扎绳扣，使用吊车挂钩将其钩住，然后开始强力起拔，将钻具提出孔外。采用这种方法起吊失败的原因有三种：①绑扎绳扣的钢丝绳被拉断；②吊车起拔力不足；③绑扎绳扣的钢丝绳沿钻杆滑动，有效起拔力不足。

（3）炸。采用一定直径的导管向孔内放置炸药，通过定位爆破将钻头炸坏，将破坏后的钻头留置孔底，提出钻杆。这种方法一般是在桩孔深度已经接近设计深度，经过设计校验后能够达到桩的承载力要求，爆破后可直接灌注。

（4）割。当上述方法均不能将钻具甚至钻杆提出孔外时，就需要采用孔底人工切割的方式，即雇佣专业潜水员潜入孔底，在水下对钻杆方头与钻头方头连接处进行切割作业，切割完成后，将钻杆提出，根据具体情况处置钻头。这种方法一般在钻孔直径较大，有足够的空间，钻孔深度适宜，并且要求施工方保证钻孔孔壁稳定。

（5）顶。清孔完成后，当使用钻机自身的提升功能难以将钻杆提出孔外时，可通过采用千斤顶顶钻杆的方式来增大提升力。使用千斤顶往往需要一个坚实的平台，并且钻杆上要焊接托板提供受力位置。千斤顶控制系统应联动加压，通过千斤顶施加在钻杆上的顶升力，一般不应超过钻杆上部连接卡环或直销的极限载荷，当千斤顶顶升力接近极极限载荷时，应逐步提高顶升力，并在每提高一定压力后，停滞1小时左右，等待土层蠕变效应的发挥。当采用这种方式时可能面临着以下四种结果：①钻头钻杆全部顶出；②钻头顶板或斗门破坏，钻杆连同破坏后的钻头一起被顶出；③钻杆内杆卡环或直销顶断，内杆和钻头留在孔内；④钻杆从有旧裂痕处破裂，部分钻杆和钻头留在孔内。因此采用千斤顶处理时要充分考虑钻头的埋置深度造成的阻力大小，合理选择起拔力值。确保事故处理时的可控性。

（6）捞。在将钻杆提出孔外后，剩余钻头留在孔底，根据施工要求，桩孔需要继续钻进，为了不影响后续作业，要将余下钻具捞出孔外。一般常用的打捞方式有钩取、套取两种方式。

（7）挖。使用捞取作业仍无法取出钻具后，根据现场情况可以采用人工开挖的方式，将钻具挖出，通常现场地层条件和施工环境许可的情况下，这种方式最可靠但会增加事故处理周期。

（三）预防方法

（1）在钻头上提过程中出现卡钻，且地层地质条件较差时，切忌将钻头下放至孔底。

（2）埋钻发生后，一定要保证使用优质的泥浆循环作业，以免孔壁再次坍塌或者沉渣厚度过大，影响后续的事故处理。

（3）找出埋钻原因后，立即制定解决方案，切忌长时间搁置。

七、掉钻问题

在钻孔灌注桩施工的过程中，由于某些原因使得部分钻具遗留在孔底，为了不影响后续工程的施工，需要采用一定的技术手段将钻具取出孔外，也就是钻具打捞。钻具打捞过程的难易程度由孔内遗留钻具的具体状态决定的，在钻具打捞的过程中往往也会出现施工方耗费大量的施工成本仍然不能成功打捞出钻具的现象。

（一）问题分析

不同的钻具部位掉入孔底的原因也各不相同，下面就具体掉入孔底钻具部位的不同，我们将造成掉钻的原因分为以下几种：

（1）主卷钢丝绳或者是钻杆提引器断裂造成的整个钻杆连带钻头掉入钻孔。

（2）在钻进过程中钻杆由于疲劳破坏、质量问题、不规范操作（摔杆砸杆等）或者处理事故（卡钻埋钻）时产生断裂造成的部分钻杆以及钻头掉入孔底。

（3）钻进过程中因钻杆方头断裂、钻杆钻头连接销轴断裂导致的钻头遗留在孔内。

（4）使用底板捞砂斗时因捞砂斗侧页销轴断裂导致的上下底板遗留在孔内，或因上下底板连接中轴断裂导致的下底板遗留在孔内。

（二）解决措施

掉钻事故发生后，针对孔底不同部位进行打捞采用的方式也不一样，具体如下：

（1）整节钻杆的打捞。由于钻杆托架和动力头的存在，在钢丝绳断裂或提引器损坏的情况下，钻杆的最外节杆依然被固定在钻机上，这样一来，就降低了钻具打捞的难度，可通过以下步骤将钻具捞出孔外：

1）使用钻机主卷扬钢丝绳套住钻杆最外节杆的上端，固定后将其提升，保持最外节钻杆底部高出孔口地面 1.8m；

2）使用钢丝绳制作一个活动绳扣，并套在第二节钻杆上向孔内下放，当绳套在孔内下方勒住第二节时（为防止绳套和钻杆相对滑动造成掉杆，在捆绑时要塞加木条），匀速上提绳套，当绳套提到第一节的下端时，将第二根钢丝绳绳套放入孔内下部再次套住第二节，第二个绳套勒紧后方可松开第一个绳套，第二个绳套上提到第一节下口后，再下放第一个绳套，如此反复交替采用两个绳套上拉。

3）缓慢上提连接绳套的钢丝绳，当第二节钻杆下口提出孔外并靠近第一节钻杆下口后，使用焊接加固方式将其与最外节杆固定。

4）第二节钻杆固定后，松开绳套再次下放，重复上述过程，套取剩余的第三节、第四节钻杆，直至将钻杆全部安全提出孔外。

（2）部分钻杆打捞。对于钻杆从中间某节断开，仅剩部分钻杆留在孔底的掉钻事故，由于断开钻杆已经脱离了钻机主体，因此这种掉钻事故是比较难以处理的，通常所使用的方式有以下几种：

1）潜水：桩径较大，现场条件许可的情况下，清里孔内沉渣后，可下潜水员将钢丝绳绑扎在钻杆之上，进行打捞。

2）下套：用钢筋制作一个圆形骨架，然后使用细小的棉绳将钢丝绳固定在钢筋骨架上，再使用其他绳子在骨架上固定三点，使骨架在下放过程中保持平衡，然后把骨架和钢丝绳一起顺下孔内，骨架套住钻杆并落入最深处后抖动上提，扯断棉绳将钻杆牢牢勒住，最后提升钢丝绳将钻杆及钻头取出孔外。

（3）钻头打捞。

1）下勾：钻斗遗留在孔内，先使用洗孔方式清理被埋钻斗沉渣，然后使用焊接好的打捞工具，直接下钻勾住被埋钻斗的大梁，此处理方法适用于直筒钻斗，而且对钻斗大梁结构和空间有要求。打捞钩的钩长 L_3 要大于钻头顶板 L_2 且小于 L_1，如图 3-49 所示，也可直接使用捞沙斗清理沉渣到被埋钻斗上方，将打捞钩焊接在钻杆的方头上进行打捞。但是采用旋挖操作进行钩挂，操作不慎容易引起打捞钩变形。

2）筒钻套取：可以使用钻头加扩孔器把孔扩大，下入筒钻对孔内钻头进行套取，如图 3-5 所示。关于选用筒钻的尺寸，一般要求筒钻外径 D 比所需捞取钻头外径 d 要大 20～30cm，筒钻筒体高度 H 要比所需捞取钻头 h 大 30cm。该种方法一般在所需捞取钻头深度不是很大、扩孔难度不高的情况下使用，在扩孔过程中要保证所扩钻孔轨迹轴线与原钻孔轨迹轴线重合。

3）下套：钻头的捞取也可以使用如图 3-50 所示的钢丝绳套，通过绳套套牢钻头方头，将钻头提出孔外。使用这种方法要保证孔内沉渣已被清理出去，从而使绳套能够接触到方头。在孔深、护壁条件允许的情况下，也可以下入潜水员来固定绳套，进行打捞。

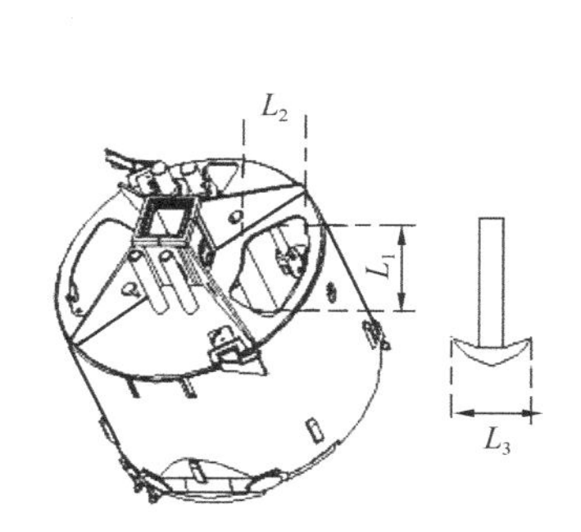

图 3-49　打捞勾尺寸示意图

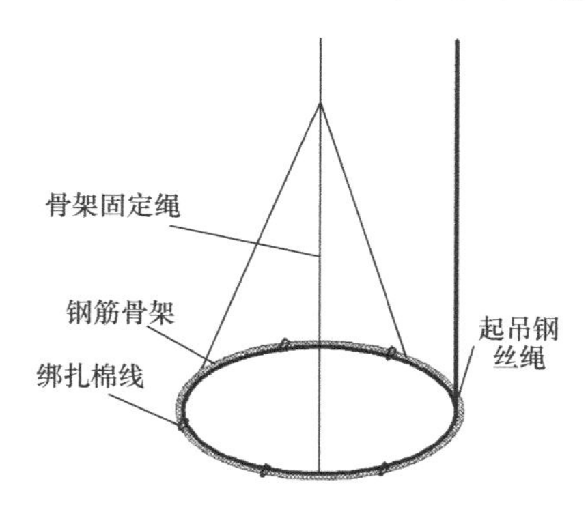

图 3-50　钢丝绳套示意图

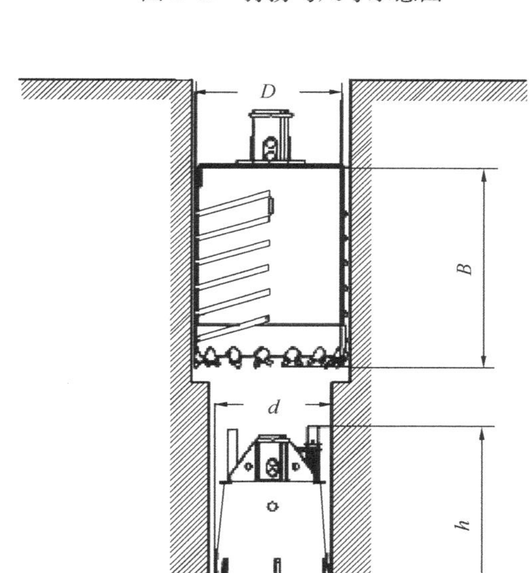

图 3-51　筒钻捞取法

（4）打捞下底板、上下底板

底板滞留孔内多因捞砂斗侧页销轴断裂导致的上下底板遗留在孔内，或因上下底板连接销轴断裂导致的下底板遗留在孔内。

1）电磁铁打捞法：清除底板上部沉渣，采用电磁铁打捞，但是当磁铁与底板间的泥浆介质较厚，或底板斜立和磁铁接触面小时打捞效果较差。

2）筒钻捞取法：采用比原桩径略大的钻头扩孔至底板滞留位置，然后用嵌岩筒钻类似于取芯方法捞取，原理与图 3-51 类似。

3）抓取法，利用单绳冲抓锥抓取底板，冲抓锥是一种三爪机具，自重约 1t，下入孔内时三爪张开，在距离孔底底板 1～2m 时，让其自由下落，然后提升抓取。

4）采用冲击钻将底板冲碎，使用捞砂斗将底板碎片打捞出孔外，或者利用冲击钻产生的巨大冲击将底板挤入孔壁中，来保证后续施工不受影响。

（三）预防方法

（1）要按时对钻机各零部件进行保养维护，特别要重点检查主卷钢丝绳、钻杆、方头连接销、底板侧页轴以及上下底板连接销的工作状态，出现损坏的，要及时更换。

（2）出现掉钻事故，要及时打捞，以免钻具长时间搁置孔底，引发事故升级，形成埋钻，增大后期捞取难度。

（3）钻具打捞时，要根据所需打捞钻具状态的不同，制定最合适有效的方案。

（4）事故处理时，往往要消耗较多的人力、物力以及财力，需要施工方各方面的鼎力配合，只有配合得当才能取得良好的处理效果。

八、孔壁坍塌

孔壁坍塌是旋挖成孔过程中也比较常见的钻孔事故，这类事故轻则导致施工效率降低、混凝土超方，重则引起埋钻事故发生。因此也需要格外注意。

（一）问题分析

（1）泥浆参数选择不当，护壁效果不良好；

（2）未保持足够的泥浆液面高度，未建立与地下水的压力平衡；

（3）在松软砂层中钻进，进尺过快，将孔壁扰动；

（4）成孔后搁置时间太长，泥浆沉淀失去护壁作用；

（5）地面附加荷载过大等。

（二）处理措施

对于局部坍塌现象，在调整好泥浆性能之后，可继续钻进作业，对于坍塌部位灌注后可能会造成混凝土超方，形成“大肚子”现象，但是对桩基承载力没有负面影响。

对于整体失稳，需要回填黏土夯实后重新钻进，对于不稳定地层，必要时可能还需回填低强度等级水泥，或者对两侧不稳定地层进行注浆加固处理。

（三）预防措施

（1）根据地层合理选择泥浆的性能参数，并注意保持；

（2）确保泥浆液面高度高于地下水位 1.5m 以上；

（3）在松软砂层中钻进，选择合适的钻进参数，避免过大扰动，注意各工序的衔接，避免成孔后长时间搁置；

（4）现场对附加载荷的影响进行严格管理。

九、钻孔缩颈

钻孔缩颈是指在钻孔过程中，钻孔局部或整体的直径变小的现象，具体表现为对于钻进过的地段，再次下放钻头时发现钻头不能顺利通过。

（一）问题分析

（1）发生缩颈的地层一般多呈软塑或流塑状态，地层不稳定；

（2）泥浆性能参数没有适时调整，泥浆产生的静液柱压力不足以支撑孔壁稳定。

（二）解决措施

对于钻孔缩颈问题多采用调配加重泥浆或者对地层进行局部加固或采用全套管工艺进行护壁。

（三）预防

（1）对于易发生缩颈的地层，要提前调整好泥浆的性能参数，加大泥浆的比重；

（2）必要时，可采用注浆工艺对局部地层进行加固。

第七节　相关标准体系概况

一、《建筑施工机械与设备　钻孔设备安全规范》GB 26545—2011

1. 简介

《建筑施工机械与设备　钻孔设备安全规范》主要涉及了钻孔设备的重要作业安全和人类工效学，规定了钻孔设备设计、制造、使用和维修的安全要求。

该规范包括了在预定使用和制造商可预见的条件下，有关钻孔设备的重大危险。该标准适用于建筑、隧道、铁路、道路、水电站和水利施工中表面和地下成孔用的钻孔设备，也包括套管。

其中包括下列机种（部分）：成桩用钻孔设备，主要有冲击式钻孔设备、旋挖钻机、长螺旋钻孔机、正/反循环式钻孔设备、摆动/旋转式套管钻孔机、桩顶钻孔设备、潜孔锤凿岩钻孔机等；锚固用钻孔设备，主要有旋转和旋转冲击式钻孔设备等。

2. 术语和定义

（1）危险区域

在钻孔设备内部或周围，人员面临伤害风险或对健康有损害的区域，对钻孔设备来说，指的是钻孔设备及其工作、附属、回转、起落装置运转时能接触到人的区域。

（2）作业区域

在设备附近，为完成作业而移动钻具的区域。

（3）暴露人员

完全或部分位于危险区域的人员。

（4）操作者

操作钻孔设备进行钻孔作业的人员。操作者也可是驾驶钻孔设备行走的人员。

（5）驾驶者

负责驾驶钻孔设备行走的人员，驾驶者可在钻孔设备上或通过步行、遥控来驾驶钻孔设备。

（6）吊重载荷

由下部滑轮吊钩组起吊的实际载荷，包括下部滑轮吊钩组和运动钢丝绳的重量，吊重载荷在正常工况和特殊工况中有明显差别。

（7）正常工况

正常的、常规的作业情况，如主要发生在下钻和提钻时，在该工况下的最大允许吊重载荷被认为是正常吊重载荷。

（8）特殊工况

不常出现的或有限时间内的作业情况，此时吊重载荷可超出额定吊重载荷，许用最大吊重载荷被认为是特殊吊重载荷，如提升作业和某些拔出套管作业。

（9）稳定角

倾翻线所在的垂直面与整机重心和同一倾翻线所形成的平面之间的夹角，稳定角限定了倾翻的角度。

(10) 倾翻线

对于履带式或轮式钻孔设备：在行驶方向前后倾翻的倾翻线为两侧履带相对的导向轮、支重轮或驱动轮最低支撑点的连线，或底盘两侧相对的车轮最低支撑点的连线；侧翻（与前后倾翻方向垂直）倾翻线为底盘每侧的接触支撑区域中心的连线。

对于带支腿的钻孔设备：底盘每侧支腿或支腿油缸及两侧相对的支腿或支腿油缸接地支撑中心的连线。

(11) 总垂直载荷

钻孔设备整机重量和其他在垂直方向作用载荷的总和，总水平载荷（如风载荷等）只影响总垂直载荷的作用位置。

(12) 移位行走

钻孔设备在可钻孔状态下的短距离行走。

(13) 钢丝绳安全系数

由制造商提供的钢丝绳最小破断拉力与卷扬机卷筒上第一层（最内层）钢丝绳最大拉力之比。

(14) 检验

由专业人员定期彻底地对在安全上有重要影响的所有零部件进行目测检查、功能性试验（包括所有必要的测量），以确认有无缺陷或损坏。

(15) 检查

由操作或维修人员对零部件的经常性检查，发现有无明显的缺陷或损坏，并通过抽查来确认其功能是否正常。

(16) 操作工作用载人升降机

由导向立柱和平台组成的只运载人员的升降机。

(17) 维修用移动式平台

安装在钻孔设备的部件上如钻孔设备头部、沿立柱移动的临时或永久性平台，维修平台可以运载人员和物料，人员也可以在平台上工作。

3. 安全要求

(1) 驾驶、移位行走和操作位置

钻孔设备应提供一个操纵室以使操作者不受噪声、粉尘和不利天气的影响。但是，也有一些类型的钻孔设备或操作情况不适合或不可能配备操纵室。如在有石块坠落危险的环境下使用，钻孔设备应配备符合要求的落物保护结构（FOPS）。

噪声防护装置：操纵室内的声压级应不大于85dB（A）；

紧急出口：如击碎窗户或面板的方法，在操纵室正常出口的不同面提供或放置击碎窗户的工具；

如果有坠落物危险，没有操纵室的钻孔设备应配备上述的防护装置，或有备用的操作位置，以提供安全的工作条件。

(2) 控制系统功能

启动：钻孔设备的主动力源只能通过人为操纵启动控制装置才能启动，并且无论何种原因停机，之后的重新启动也应如此。应有安全防护装置以防止非正常的启动，如可锁闭的驾驶室、可锁闭的启动开关或可锁闭的电路开关。如钻孔设备有多个启动装置，则这些装置应相互联锁，以保证只有一个装置可以控制启动。

停机：应设置紧急停机装置，以迅速地遏止已发生的危险和即将发生的危险。该装置应能迅速地停止所有的危险运动以防止危险情形扩大，而不引发另外的危险。每个操作或驾驶位置都应有紧急停机装置。但对于安装在卡车或拖拉机上的钻孔设备，其驾驶位置可不配备紧急停机装置。

动力中断及中断后的重新启动应保证不发生危险，特别应符合下列要求：只能由操作者人为操作才可重新启动；若发出停机命令，钻孔设备必须停机；机器的零部件或工具不会脱落或甩出；自动或手动停止运动部件的功能应有效；保护装置和防护措施应有效；动力中断或液压、气压系统的失压应保证不产生危险，且不得影响紧急停机装置的功能。

停止旋转和进给的安全装置：带有进给臂架的钻孔设备，人员可能有被其旋转部分卷入或伤害的风险。应紧邻旋转钻具组易于接触到人员的区域设置自动停机装置，在紧急情况下，该装置应能由人体或人体的某部分触发，一旦触发则应无任何延迟或困难地自动动作，迅速停止设备的危险运动。该装置的触发器应有明显的标识。

当自动停机装置动作时，系统内任何残留的能量应被限制或释放，以使其不能引发任何危险运动。自动停机装置动作后，应一直保持有效，直至人工重新设置为止。人工重新设置不应重新启动机器，而只能使机器通过正常启动程序重新启动。如果由于操作原因而不能配备自动停机装置，则应在钻孔或其他有危险的操作时禁止进入危险区域。此时应在禁止通行区域设置“禁止通行”标志。

（3）稳定性

钻孔设备在任何方向的稳定角 α，在移位行走时应不小于 10°，在其他任何情况下应不小于 5°。其中 10°的稳定角已经考虑了整个钻孔设备的加速和制动所产生的动载荷作用。当钻孔设备要在斜面上进行工作、移位行走或停车时，对稳定性的验证应包括操作说明手册给出的最不利情况下的最大允许坡度。稳定角应在上述限定的角度范围内，如应在考虑作业坡度后使稳定角不小于 10°或 5°。稳定性说明和其他重要使用限制应清楚标明，并放置在从驾驶和操作位置能看清的地方，如移位行走和钻孔的最大允许坡度。

（4）底盘制动

自行式钻孔设备应能在制造商允许的所有坡度、地面条件、速度和工况下进行减速、停车和保持静止状态，以保证安全。在操作位置应不能断开车轮或履带的制动连接。如行车制动系统的动作取决于储存的液压或气压能量，在动力中断时，制动系统应至少还能连续进行五次制动，第五次制动的效果不得低于辅助制动系统。如钻孔设备带有可操作行走的遥控装置，则无论何种原因，只要遥控装置失效，设备均应自动停车。

（5）运动件的防护传动件

对于旋转传动件，如传动轴、联轴器、传动带等有可能伤人的零部件，都应配备防护装置，以避免接触。防护装置应制造牢固并固定可靠。对于不常接近的传动件，应安装固定式防护装置，固定式防护装置应通过焊接或使用必要工具、钥匙才能打开或移动的方式进行固定。

（6）电气系统

钻孔设备电源的配备应符合《机械电气安全　机械电气设备　第 1 部分：通用技术条件》GB 5226.1—2008 的要求；电力驱动的钻孔设备应有接地保护；蓄电池组应有搬运吊

点并牢固地安装在相应位置。应能保证电解液不会有溅到人员和周围其他设备的危险。电极应有防护，电路中应安装绝缘开关，蓄电池组和/或蓄电池安装位置的设计、制造和封罩，应能保证即使在钻孔设备倾翻时操作者也没有被电解液或蒸汽伤害的危险。

（7）液压系统

液压系统应符合《机械安全设计通则风险评估与风险减小》GB/T 15706—2012 和《液压传动系统及其元件的通用规则和安全要求》GB/T 3766—2015 的安全要求。液压系统应使用无毒的液压油。

（8）工作照明

对于地下作业，如隧道施工，钻孔设备应配备工作照明装置以照亮前部，如钻臂可达到的区域，照度应至少为 100lx，进给机构和臂架的自然阴影处除外。对于其他的钻孔作业，在钻孔区域应至少有照度为 100lx 的照明。在黑暗和无光环境中作业的地面钻孔设备，在钻孔和卷扬区域应至少有照度为 100lx 的照明，进给机构和臂架的自然阴影处除外。自行式钻孔设备在黑暗环境中移位行走，钻孔设备移动方向 7m 处的照度应不低于 10lx。

（9）防火

钻孔设备的制造材料应尽可能耐火。驾驶室内的装饰材料应是阻燃材料，在按《农林拖拉机驾驶室内饰材料燃烧特性的测定》GB/T 20953 进行材料火焰蔓延线速度试验时，其最大值应不超过 250mm/min。

钻孔设备配备的灭火器应适用于扑灭油类和电气类火灾，并符合《手提式灭火器　第 1 部分：性能和结构要求》GB 4351.1 的要求。设有固定式灭火系统的钻孔设备，还应至少配备一台手提式灭火器。

（10）卷扬机、钢丝绳和滑轮

安装在钻孔设备上且用于钻孔作业的提升卷扬机、钢丝绳和滑轮应符合相应要求。载人升降机和移动式平台所使用的卷扬机、钢丝绳和滑轮应符合相应要求。

（11）链轮和链条

钻孔设备进给系统所用的且直接参与加压和提拔作业的链轮和链条应符合下列要求：应根据安全系数进行选用，如最小破断载荷与最大载荷之比应不小于 3.5；应有合适、安全的张紧措施；如可能，应使链条在链轮或导向轮上的包角达到 180°。

（12）立柱、井架、进给臂架和工作平台

机械式起落的立柱、井架和进给臂架应有安全装置，在起落机构失效时自动起作用，以防止立柱倾倒。用于固定竖起立柱和进给臂架的锁止销或类似装置应能防止意外松动。销或类似装置应用链条等拴在锁定点位置。

所有的平台都应能通过位置合适的梯子或阶梯安全到达。如果竖梯长于 3m，应放置合适并设有护圈或者有可连接安全带的措施。若竖梯长于 9m，则最长 9m 范围内应设置一个休息平台。

（13）警示装置

警示装置如信号灯应明确、易于理解，操作者应能随时、方便地检查所有主要警示装置。应有人工操作的声讯警示信号，来警示在作业区域的人员即将发生的危险。每个操作或驾驶位置（如果可以，包括遥控监视位置）都应能操纵该声讯警示装置。警示信号的声压级应至少比距钻孔设备2m处的噪声高5dB。倒车时，也应自动给出声讯或可视警示信号。遥控和/或无人自动操作的钻孔设备应有可视警示灯，在钻孔设备启动前和遥控操作或无人自动操作时，该警示灯应自动开启。

二、《建筑施工机械与设备　旋挖钻机伸缩式钻杆》JB/T 11168—2011

1. 简要说明

本标准规定了建筑施工机械与设备旋挖钻机伸缩式钻杆（以下简称钻杆）的术语和定义、分类、代号及参数、外形安装及连接尺寸、技术要求、试验方法、可靠性试验、检验规则、标志、包装、运输和贮存、使用、维修和保养。本标准适用于旋挖钻机所使用的伸缩式钻杆。

2. 钻杆整体性能要求

钻杆所能承受的转矩和承压能力要达到所配的旋挖钻机的公称转矩和公称加压力。在钻杆正常工作使用条件下，不应出现塑性变形、弯曲、开裂、断裂。钻杆只在钢丝绳作用下竖直下放伸出时，相邻的两层杆外层杆没有伸出到最大限度时，内层杆应叠在一起，不应有相对伸缩；钻杆只在钢丝绳作用下竖直提升回缩时，始终是相邻的两层杆内层杆较外层杆先回缩，其他外层杆不应先回缩。机锁钻杆在完全解锁情况下，应缩放自如，不应出现不规律的声响、异响，不应出现经5次以上收放无改善的伸缩困难、明显的碰撞痕迹、损伤管体的拉伤压伤等现象。钻杆应有减振装置。钻杆关键部件钢管、键、方头，在首次正确使用300h内，不应出现除磨损外的压溃、压裂、开裂、塑性变形等失去功能或影响使用的缺陷。钻杆主要传力构件，钢管与钢管、钢管与方头焊接的焊缝表面质量分级应遵照《工程机械　焊接件通用技术条件》JB/T 5943中的“关键焊缝等级”。

3. 外观质量

钻杆焊缝应满足焊缝表面质量分级应遵照《工程机械　焊接件通用技术条件》JB/T 5943。焊缝、涂装、表面处理、外观，应符合《涂覆涂料前钢材表面处理　表面清洁度的目视评定　第1部分：未涂覆过的钢材表面和全面清除原有涂层后的钢材表面的锈蚀等级和处理等级》GB/T 8923.1—2011中的Sa2级。涂漆均匀，不得有未除锈及漏喷漆现象。钻杆钢管要进行抛丸处理，保证钢管表面没有裂纹及未除锈现象。锻件、焊件、非加工表面应平整，不得有飞边、沙眼等缺陷。

4. 运输

出厂随机文件应包含产品合格证、产品维修保养书、产品安装使用说明书等。钻杆运输时应收缩到最小尺寸并可靠固定，不应有过长的悬臂，不准滚动。钻杆应要贮存在干燥、通风的环境内，防水、防火、防雨，并且外管水平支撑距离不大于5m。在工地上贮存的钻杆应放在较高的地方，不应埋在渣土堆中，钻杆两端不要进入渣土、泥水及其他杂物。不应用钻杆作为支撑切割和焊接其他制件。作业后在长时间存放前，应将钻杆全部拉开清洗干净干燥后进行存放。

5. 使用、维修和保养

（1）钻杆日常使用应按使用说明书操作。

（2）钻杆选用：选用的钻杆公称转矩大于所配旋挖钻机动力头输出的最大转矩；选用的钻杆的公称压力大于旋挖钻机公称加压力；选用的钻杆类型要与钻机性能及所钻地层状

况相匹配，软地层深孔桩，宜选用摩阻钻杆，硬地层浅孔桩，宜选用机锁钻杆；选用的钻杆的最大成孔深度要大于工程钻深。钻杆在使用超出标称转矩时，保证主机的实际扭矩小于钻杆的标称转矩。使用机锁钻杆时，钻杆下端顶住地面上的支撑物，直至履带前端翘起，调节油压使压力稍低于钻机履带前端翘起的临界状态。主机的加压力必须标定，此时加压装置的油压为钻机加压装置油压标定值，并锁定。操作使用人员必须经专业培训，并了解相关操作使用维护说明书方可进行操作使用。钻杆必须与钻机、所钻地层的地质状况、钻头相匹配。一般而言，当地层的地基承载力小于350kPa，建议用摩阻钻杆，当地层的地基承载力大于350kPa，建议用机锁钻杆。

钻杆是技术含量很高、价格昂贵的工具，一般不允许用户自行维修。用户自行维修或委托其他单位维修后，其性能不再受原买卖合同和本标准保护。制造商授权维修要考察被授权单位资质，被授权单位可与制造商共同承担因不恰当维修造成的钻杆故障。

日常保养：请查阅该标准的附录A（规范性附录）旋挖钻机伸缩式钻杆使用保养规范。

三、《建筑施工机械与设备　旋挖钻机成孔施工通用规程》GB/T 25695—2010

1. 简要说明

本标准规定了建筑施工机械与设备　旋挖钻机成孔施工（以下简称：旋挖钻成孔）的工艺规程。本标准适用于旋挖钻机的成孔施工。

2. 要点

该标准主要内容覆盖了：术语和定义、施工前期准备、成孔施工工艺流程、成孔施工、终孔检验 、施工现场安全等要求。

四、《施工现场机械设备检查技术规范》JGJ 160—2016

本规范适用于新建、扩建和改建的工业与民用建筑及市政工程施工现场机械设备的检查。

本规范的主要技术内容是：1. 总则；2. 术语；3. 基本规定；4. 动力设备；5. 土方及筑路机械；6. 桩工机械；7. 起重机械；8. 高空作业设备；9. 混凝土机械；10. 焊接机械：11. 钢筋加工机械；12. 木工机械；13. 砂浆机械；14. 非开挖机械。

本规范修订的主要技术内容是：将原标准的框架做了局部调整；新增机械种类有：挖掘装载机、液压破碎锤、沥青洒布车、打夯机、洒水车、铣刨机、水泥混凝土滑模摊铺机、全套管钻机、旋挖钻机、深层搅拌机、自行式高空作业平台、混凝土振捣器、混凝土布料机（杆）、混凝土真空吸水机、氩弧焊机、数控钢筋弯箍机、钢筋笼自动焊接机、木工圆盘锯、砂浆搅拌机、砂浆输送泵、砂浆喷射机组、砂浆抹光机、顶管机等。

该标准对旋挖钻机的检查要求如下：

检查人员应定期对机械设备进行检查，发现隐患应及时排除，严禁机械设备带病运转。机械设备主要工作性能应达到使用说明书中各项技术参数指标。

机械设备的检查、维修、保养、故障记录，应及时、准确、完整、字迹清晰。机械设备外观应清洁，润滑应良好，不应漏水、漏电、漏油、漏气。

机械设备各安全装置齐全有效。机械设备用电应符合现行行业标准《施工现场临时用

电　安全技术规范》JGJ 46 的有关规定。

机械设备的噪声应控制在现行国家标准《建筑施工场界　环境噪声排放标准》GB 12523 范围内，其粉尘、尾气、污水、固体废弃物排放应符合国家现行环保排放标准的规定。露天固定使用的中小型机械应设置作业棚，作业棚应具有防雨、防晒、防物体打击功能。

油料与水应符合下列规定：

起重机使用的各类油料与水应符合使用说明书要求；使用柴油时不应掺入汽油；润滑系统的各润滑管路应畅通，各润滑部位润滑应良好，润滑剂厂牌型号、黏度等级（SAE）、质量等级（API）及油量应符合使用说明书的规定；不得使用硬水或不洁水；冬期未使用防冻液的，每日工作完毕后应将缸体、油冷却器和水箱里的水全部放净；施工现场使用的各类油料应集中存放，并应配备相应的灭火器材。

液压系统应符合下列规定：液压系统中应设置过滤和防止污染的装置，液压泵内外不应有泄漏，元件应完好，不得有振动及异响；液压仪表应齐全，工作应可靠，指示数据应准确；液压油箱应清洁，应定期更换滤芯，更换时间应按使用说明书要求执行。

电气系统应符合下列规定：电气管线排列应整齐，卡固应牢靠，不应有损伤和老化；电控装置反应应灵敏；熔断器配置应合理、正确；各电器仪表指示数据应准确，绝缘应良好；启动装置反应应灵敏，与发动机飞轮啮合应良好；电瓶应清洁，固定应牢靠；液面应高于电极板 10～15mm；免维护电瓶标志应符合现行国家有关标准的规定；照明装置应齐全，亮度应符合使用要求；线路应整齐，不应损伤和老化，包扎和卡固应可靠；绝缘应良好，电缆电线不应有老化、裸露；电器元件性能应良好，动作应灵敏可靠，集电环集电性能应良好；仪表指示数据应正确；电机运行不应有异响；温升应正常。

钻机应有充分的作业空间，场地应满足设备承重及平整要求。

整机应符合下列规定：开钻前，各种仪表、警示灯应灵敏可靠；各液压系统油路应畅通，电磁阀应灵活，液压锁应可靠，各油缸应无外漏或内漏情况。燃油油面不应低于液位计 2/3；发动机机油液位应在最高液位与最低液位线之间；当设备处于运输状态时，液压油液位不应低于液位计 2/3，当设备处于工作状态时，液位应高于主泵最高排气筒 10cm 以上；冷却液应加满；各按钮和手柄应灵活可靠；高压油泵和水泵不应有异常及渗漏现象；钢丝绳接头和钢丝绳磨损情况应符合规范规定。

以上标准规范为作业现场和操作者常用标准的内容摘要，与旋挖钻机安全作业密切相关，学习者可进行延伸阅读，提高标准化素养。操作者在具体应用标准时应查阅标准原文，以及时了解详细要求和最新版本的变动情况。

第四章　安　全　素　养

第一节　遵　守　规　则

一、操作人员守则

（一）上机操作常规

（1）操作人员接受专业培训并已被证明合格，具备岗位操作能力，经作业现场主管方审核和主管人现场授权，履行安全交底和技术交底程序后，方可入场作业和上机操作。操作者应熟悉现场所操作机型的使用说明书及其安全要求，熟知其机械原理、保养规则、安全操作规程，并要按规定严格执行。

（2）操作人员在操作旋挖钻机前应仔细阅读旋挖钻机使用说明书，熟知旋挖钻机的工作原理、保养规则、安全操作规程，并严格按旋挖钻机使用说明书进行操作。

（3）禁止没有培训及授权的人员上机操作；严禁酒后或身体有不适应症时操作；严禁职业健康条件不足、从业准入要件不全人员上机操作。

（4）操作人员在操作或检修之前必须穿戴紧身合适的工作服、劳保鞋、安全帽等安全防护用品。

（5）始终在驾驶室内放置应急工具包。

（6）操作人员应遵守主管指令和指挥员统一作业指挥信号，有权拒绝危险作业、非授权作业、与施工方案工作内容无关的机械动作操控及其他非职责内容、非安全的动作或作业配合等。

（二）十项安全常规

（1）操作人员在操作旋挖钻机前，确保已经熟悉并理解了旋挖钻机上的标志和铭牌的内容和含义。

（2）操作时应划出旋挖钻机作业区域，用围栏隔开，并挂上警示牌，无关人员应远离工作区域，不要改造和拆除机械的任何零件（除非有维修需要）。

（3）操作人员绝不可以服用麻醉类药物或酒精，这样会降低或影响身体的灵敏度和协调性；服用处方或非处方药物的操作人员是否能够安全操作机器，需要有医生的建议。

（4）为了保护操作人员和周围的人员安全，机械应装备落物保护装置、前挡、护板等安全设备，保证每个设备均固定到位且处于良好的工作状态。

（5）禁止操作人员从地面、驾驶室直接跳上或跳下，应至少保证有两手与一只脚或两脚、一只手与踏板和把手紧密接触。

（6）现场操作者和监控者之间应建立良好可靠的通讯，或熟知信号的传递方式及含义。

（7）在开机工作前，必须确保旋挖钻机在压实的、平整的土地上工作，否则存在倾翻的危险。

（8）回转卸土时，鸣笛示意，回转半径内不得有障碍物，确认安全后回转上车90°左右卸土。

（9）操作人员离开操作位置，不论时间长短，必须将旋挖钻头触地并关闭发动机。

（10）当两个人进行操作和保养时，事先均应接受培训，其中一人应在主操作位置监控另一人的工作以确保人身安全。只有当整台旋挖钻机关闭时，才允许一个人单独进行维修和保养工作。

二、设备保护守则

（1）不允许通过不正确的操作或改动旋挖钻机结构来改变机器原有的工作参数。

（2）作业时，钻机上车回转复位后放钻，钻头触底后再钻进掘土，放钻、钻进、提钻过程中严禁回转、行走、起落变幅机构等动作。

（3）行走时桅杆向后倾斜钻头离地面0.5m为宜。行走坡度不得超过机械允许最大坡度，下坡用慢速行驶。转弯不应过急，通过松软地时应进行铺垫加固。

（4）旋挖钻机所配置的卷扬是用来配合钻进工作的，不能作为其他起吊装置使用。

（5）保持驾驶室内地板、脚踏板、手柄清洁、活动空间充裕，经常检查油路、润滑脂及污尘，避免开裂及缠绕的危险。

（6）不得将操纵杆及胶管作为把手使用，因为它们是非固定性支撑，应避免拉动操作而引起误操作。

第二节 遵守流程

一、遵守上机程序与安全检查流程

（一）了解旋挖钻机、动作规则、安全防护规程，了解旋挖钻机性能和规格。

1. 了解规则

（1）不要在机械上载人。

（2）了解机械的性能和操作特点。

（3）操作机械时不要让无关人员靠近，不要改造和拆除机械的任何零件（除非为了维修需要）。

（4）让旁观者或无关人员远离工作区域。

（5）无论何时离开机械，一定要把旋挖钻斗触地，将操纵杆处于停机状态，关闭发动机，通过操作手柄释放残余液压压力，然后取下钥匙。

2. 了解机械

（1）操作机械之前，先阅读旋挖钻机使用说明书、施工安全手册。

（2）能够操作机械上所有的设备：了解所有控制系统、仪表和指示灯的作用；了解额定扭矩、额定加压力、主卷扬提升能力、最大钻孔直径、最大钻孔深度、回转半径和操作空间高度；记住雨、雪、冰、碎石和软土面等会改变机械的工作能力。

（3）准备启动机械之前再阅读并理解制造商的使用说明书。如果旋挖钻机装备了专用的工法工作装置，请在使用前阅读制造商提供的工法工作装置的使用说明书和施工安全手册。

（二）了解作业防护与劳动保护

（1）穿戴好施工作业环境必备的工作服并配备安全用品。

（2）佩戴好法律、法规规定，以及安全生产管理部门、雇主所要求的安全设备，切实做好防护工作，避免发生不必要的危险。

（3）在作业现场任何时候（包括思考问题时）都要戴上安全帽，遵守安全规程。

（4）了解援助的途径与时间，掌握怎样使用急救箱和灭火器或灭火器系统。

（5）认真学习安全生产管理培训课程，严禁没有经过培训人员操作设备。

（6）操作失误是由许多因素引起的，如：粗心、疲劳、超负荷、分神等，操作人员绝不可以服用麻醉类药物或酒精，机械的损坏能够在短期内修复，可是人身伤亡造成的伤害是长久的。

（7）为了安全的操作机械，操作员必须具有操作资格证。领取操作资格证，需要经过专业培训，掌握制造商提供的书面说明，实际操作过旋挖钻机并了解安全法规，并考核合格。

（8）大多数机械的供应商都有关于设备的操作和保养的说明书。进入一个新工地开始工作之前，向相关领导或安全协调员询问应该遵循哪些规则，并同他们一起检查旋挖钻机，保持警惕，避免事故的发生。

（三）了解设备工作性能状态

在开始工作之前，应检查机械，使所有系统处在良好的操作状态下。纠正所有遗漏和错误后，再操作机械。详细了解设备工作性能状态，务必遵守设备检查的正确程序。

（1）检查所有的螺纹连接部位是否拧紧，螺栓及销轴是否坚固、位置适当。

（2）检查液压油和燃油管路是否泄漏。

（3）检查液压油、燃油、动力头箱体及各减速机油位是否在要求位置。

（4）检查钻杆驱动套（环）和导向滑架耐磨块的磨损情况。

（5）检查所有钢丝绳的磨损及破损程度。

（6）检查钻杆的磨损及破坏程度。

（7）检查钻具的磨损及破损程度。

（8）检查履带上是否有断裂或破损的销轴或履带板。

（9）检查各安全功能是否有效：包括急停按钮，安全手柄，主卷高度限位，变幅油缸及倾缸锁死，主、副卷扬制动，倾缸手柄的动作。

（四）设备运行前的安全检查

（1）清除钻机运行通道上所有障碍物。

（2）要了解电缆沟，回填土等危险场地和其他复杂地形。

（3）固定门窗在打开或关闭位置。

（4）确认钻机上的喇叭和一切警报装置工作正常。

（5）在移动钻机前，检查行走装置的位置，正常行驶方向是驱动轮在驾驶室的后方。

（6）检查安全设备及控制器运行是否正常。

二、遵守制造商告知和机械操控流程

（一）钻进作业规定

（1）启动前，操作手必须完成本班例行的安全保养。

(2) 启动时，应先让发动机怠速运转2分钟（冬季5分钟）、检查仪器各仪表、指示灯是否正常，如无异常，方可开始施工。

(3) 操作中，禁止盲目加压钻进。

(4) 经常观察主卷扬钢丝绳是否乱绳，若发生乱绳及时处理。

(5) 经常注意钻杆工作情况，如有收不回或放不出的现象时或有其他异常情况时，应立即报告当班领导，切忌盲目处理。

(6) 工作中，任何红灯（指示灯不正常亮时）均应停机检查，查明原因，修好后方可继续工作。

(二) 非钻进作业规定

(1) 非钻进作业包括装卸钻具、装卸钻杆、迁移工作点、收变幅机构、倒钻桅、检修调试旋挖钻机等。

(2) 所有非钻进作业必须在统一指挥的前提下进行，没有指挥人，禁止任何运行。

(3) 指挥者必须使用规范的指挥手势，瞻前顾后、谨慎引导钻机运行。

(4) 非钻进作业尽可能在低转速（发动机）下运行。

(5) 装卸钻杆、组装桅杆要求在白天或照明条件相当好的夜间完成。

(6) 维修和保养器件时，监控者应在任何情况下均能触及急停开关。

第三节 标识标志与危险源识别

(一) 标识标志

在旋挖钻机上有若干特定的安全标志。操作该机械设备前，确保已经熟悉掌握了这些标志和标牌的内容和含义（表4-1）。

标识标志 **表4-1**

安全标识	说明	安全标识	说明
警告 钻进时严禁回转和行走操作	钻机钻进警示标识		禁止踩踏
	必须戴安全帽	STOP	发动机运转时，不得打开或拆下安全防护罩

续表

安全标识	说　明	安全标识	说　明
	未经许可禁止通过	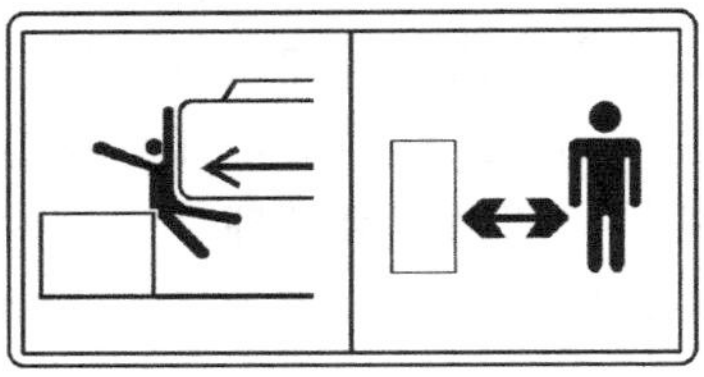	保持一段安全距离，防止配重撞伤
	禁止烟火	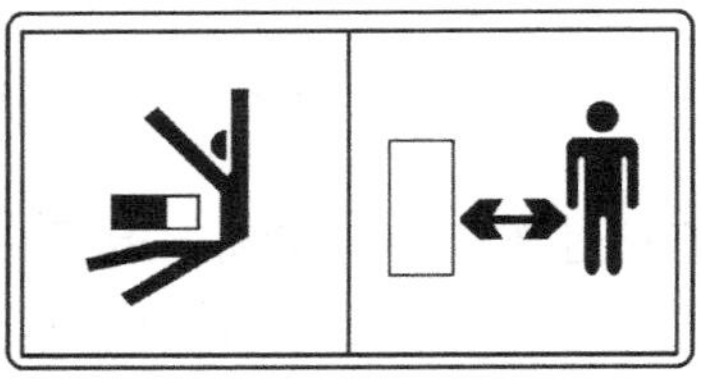	避离开旋挖钻机一段安全距离，防止侧面施加的力挤压躯干
	热表面，禁止触摸		保持一段安全距离，防止抛出或飞出物体冲击整个身体
	当心触电		避离开旋挖钻机一段安全距离，防止从上部施加的力挤压躯干
	注意安全		阅读使用维护说明
	在进行保养和维修前，关闭发动机并取出钥匙		查阅技术手册中的操作程序，避免在压力状态下排放液体

续表

安全标识	说 明	安全标识	说 明
	液压油标志		起吊处标志
注意 CAUTION 燃油加注口 FUEI TANK	柴油加注标示		钻机行驶方向指示标识
	灭火器		蓄电池标志
	注润滑脂处		工具箱标识
注意 CAUTION · 集中润滑油脂泵夏季加注 NLGI1号极压锂基润滑脂！ Fill grease pump with grease NLGI1# in summer! · 集中润滑油脂泵冬季加注 NLGI0号极压锂基润滑脂！ Fill grease pump with grease NLGI0# in winter!	润滑脂加注标示		固定处

（二）危险源识别

1. 回转作业区域（图 4-1）

设备上配有回转钻具，所有人员应保持距离，以确保人身安全，否则万一触及，将造成致命伤害。

2. 倾翻（图 4-2）

不要危及设备的稳定性。如果超过设备的能力或使用已损坏的提升限位开关继续操纵设备，将会引起设备的倾翻，并导致严重的人身伤亡或设备损坏。

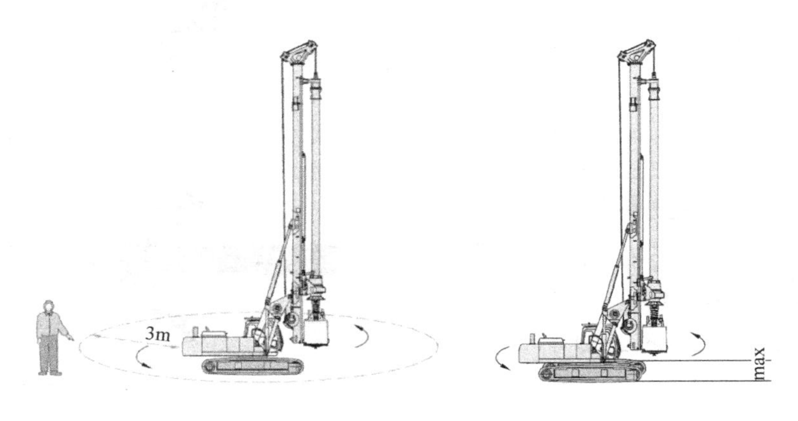

图 4-1　回转作业区域　　　图 4-2　倾翻

当钻桅在任何状态下，操作回转动作之前，履带下方的地面是否密实，松软的地面支撑有可能导致设备的倾翻。

3. 停车须知（图 4-3）

钻机停止作业期间且钻桅处于竖立状态，钻头应支撑于地面。

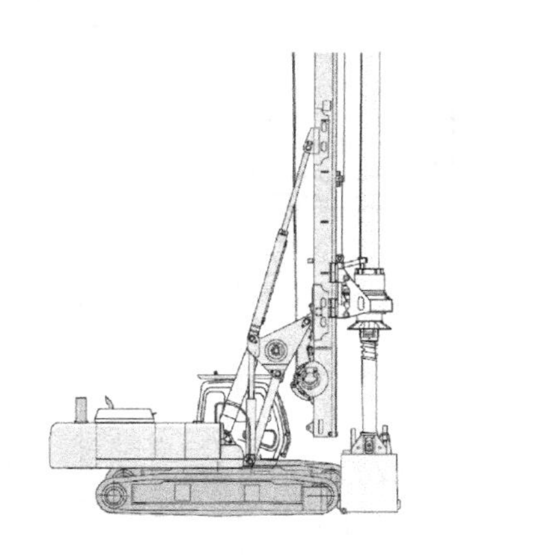

图 4-3　停车

如果钻头与地面留有空隙，任何情况下钻头下方都严禁人员接近（防止误操作导致钻头下落伤人）。

4. 上下旋挖钻机（图 4-4）

只能在有阶梯和扶手处上下旋挖钻机。上下机器前应检查扶梯和扶手，必要时进行清洁或修理。上下旋挖钻机时，要面向旋挖钻机，保持与扶梯和扶手三点接触（两手一脚或者两脚一手）。机器在运行时严禁上下旋挖钻机。当进入或离开驾驶室时，不能把任何操纵杆当作扶手使用。

5. 指挥手势

要熟悉适用工地指挥各种手势的含义，并知道由谁发出的，只接受一个人发出的指挥手势。特别是当钻机司机视野受限时，比如倒车、移位、做辅助动作等过程中需有专人在车外指导。

6. 触电（图 4-5）

（1）如果在电源线附近作业，应事先跟电力公司协商作业细节，并请辅助人员在附近统一指挥，尽可能远离电线电缆，以避免意外事故的发生。

（2）旋挖钻机不慎触电时，应及时警告四周作业人员，不可触及整机。

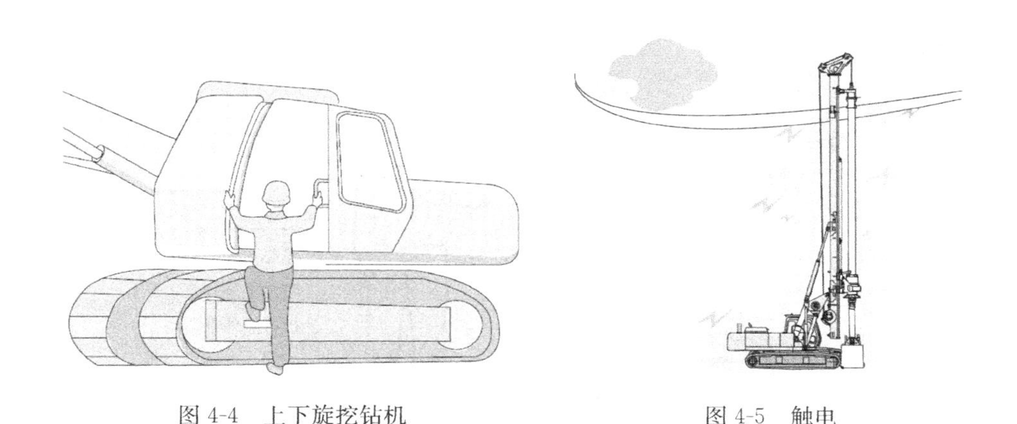

图 4-4　上下旋挖钻机　　　　图 4-5　触电

第四节　作业指挥与常见手势

旋挖钻机从事的是钻孔作业，常常存在一个工地中有多台旋挖钻机同时施工，或是在一些较为复杂的工况下作业，在这些情况下，需要指定信号来协同作业。作为操作人员，必须明确指挥信号，并且服从信号员的指挥。

一、安全上下旋挖钻机（图 4-4）

上下旋挖钻机前应检查扶梯和扶手，必要时进行清洁或修理。

要始终面对机械。

旋挖钻机在运行时严禁上下机器。

在驾驶人员登上或离开驾驶室的时候，驾驶室必须和行走装置处于平行状态，不能把任何操纵杆当作扶手使用。

二、掌握并正确识读旋挖钻机作业指挥手势信号（图 4-6）

预备——手臂伸直，置于头上方，五指自然伸开，手心朝前保持不动

升臂——手臂向一侧水平伸直，拇指朝上，余指握拢，小臂向上摆动

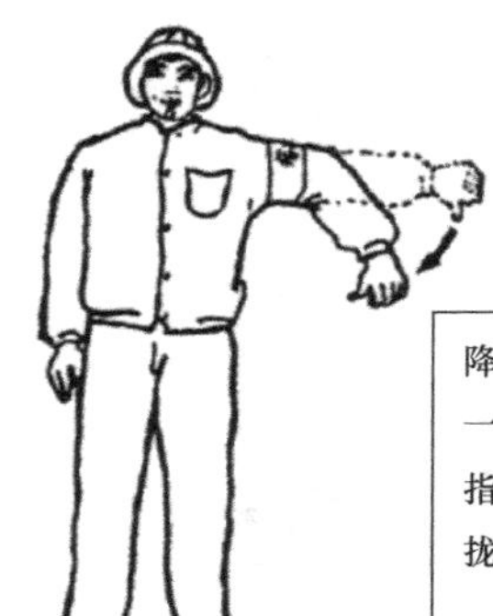

降臂——手臂向一侧水平伸直，拇指朝下，余指握拢，小臂向下摆动

提钻杆——小臂向侧上方伸直，五指自然伸开，高于肩部，以腕部为轴转动

放钻杆——手臂向侧前下方，与身体夹角约为30°，五指自然伸开，以腕部为轴转动

回转——一只小臂水平前伸，五指自然伸出不动。另一只小臂在胸前做水平重复摆动

图 4-6　指挥手势（一）

图 4-6　指挥手势（二）

第五节　防　　火

一、使用和保养中的防火技术要求

（1）旋挖钻机在工作中，应携带规定的消防器材，以便失火时自救。

（2）运输危险品要严格遵守规章制度。

（3）加油时严禁明火照明。

凡是夜间或天色暗淡视线不佳情况下，无论加油或停车修理，均不能用明火照明，以免引起火灾。

（一）预防蓄电池爆炸伤人

蓄电池通气孔堵塞，由于化学反应气体膨胀造成蓄电池外壳爆炸或在化学反应中，大电流充放电，水被分解为氢气和氧气，气体积累到一定程度稍遇火花，就会爆炸伤人。

防止爆炸需要经常检查，保持蓄电池通气孔畅通无阻，蓄电池远离火源。

（二）易燃品油料防爆炸

所有燃油，包括大多数润滑剂和某些冷却液的混合物都是易燃品，要防止这些易燃液体泄漏在灼热物体的表面或者电器元件上，使用易燃性油品洗涤部件时应远离火源。应及时的清理旋挖钻机上所有油料及碎屑，操作或维修旋挖钻机时要远离明火，同时注意消除可能诱发火灾的各种因素。严禁对油箱或在靠近油箱的位置实施焊接、火焰切割等操作。

（三）定期更换橡胶软管

液压软管应经常检查并保证其完好状态，当发现有局部膨胀、泄漏或损坏的地方，应及时更换。若不及时更换可能导致火灾、液体飞溅，导致重大的人身伤亡事故。

（四）使用电筒照明

保养时，不准使用灯泡进行照明，以防灯泡爆裂引起失火，使用电筒照明。

二、灭火措施

一切的灭火措施，都是为了破坏已经产生的燃烧条件，主要有：

（1）控制可燃物，即减少造成燃烧的物质基础，缩小物质燃烧的范围；

（2）隔绝空气，主要是防止构成燃烧的助燃条件；

（3）消除着火源，主要是消除引起燃烧的热源。

灭火方法：

（1）冷却法

将灭火剂水或二氧化碳直接喷射到燃烧的物体上，以降低燃烧的温度于燃点之下，使燃烧停止，属于物理灭火方法。

（2）隔离法

隔离灭火法是将正在燃烧的物质和周围未燃烧的可燃物质隔离或移开，中断可燃物质的供给，使燃烧因缺少可燃物而停止。

（3）窒息法

窒息灭火法是阻止空气流入燃烧区或用不燃烧区或用不燃物质冲淡空气，使燃烧物得不到足够的氧气而熄灭的灭火方法。

三、常用灭火器材及使用（图 4-7）

旋挖钻机使用的灭火器为手提式水基型灭火器，其性能、特点、使用方法和适用范围简介如下：

水基型灭火器是一种适用于扑救易燃固体或非水溶性液体的初起火灾，也可扑救带电设备火灾的灭火器。广泛应用于油田、油库、轮船、工厂、商店等场所，是预防火灾发生保障人民生命财产的必备消防装备。

（1）适用范围

适用于扑救易燃固体或非水溶性液体的初起火灾。是木竹类、织物、纸张及油类物质的开发加工、贮运等场所的消防必备品，还可扑救带电设备的火灾。

（2）灭火原理

灭火器阀门开启后，筒体内的灭火剂在驱动气压力的作用下，经虹吸管从喷射管喷出，当灭火剂以雾状与火焰接触后发生一系

图 4-7　灭火器

列物理化学反应，从而使火焰熄灭。

通过内部装有 AFFF 水成膜泡沫灭火剂和氮气产生的泡沫喷射到燃料表面，泡沫层析出的水在燃料表面形成一层水膜，使可燃物与空气隔绝。

(3) 灭火器的优点

具有操作方便、灭火效率高，使用时不需倒置、有效期长、抗复燃、双重灭火等优点。现在国家提倡使用水基型灭火器，该型灭火器环保且可扑灭一般的家庭电器引起的火灾。

(4) 旋挖钻机灭火器

灭火器型号：MPZ/6 型手提式水基型灭火器

性能参数：

灭火剂量：5.7～6L

喷射时间：≥30s

喷射距离：≥3.5m

喷射滞后时间：≤5s

喷射剩余率：≤15%

灭火级别：1A，55B

使用温度：5～55℃

工作压力：1.2MPa

水压试验压力：2.1MPa

灭火器位置：共两具，一具悬挂在驾驶室后侧，打开左机棚靠近驾驶室的车门即可看到；另一具平放在转台右后方，打开右机棚靠近配重的车门即可看到。

使用方法：当发生火灾时，应迅速打开车门取出灭火器，然后拔出灭火器的保险栓，按下压把，对准火焰根部扫射。

注意事项：

灭火器放置处应干燥通风，防止冰冻受潮，严禁曝晒。

用户从灭火器开始设置时，应以一季度为间隔进行检查，发现压力指示器不在绿色区域或一经使用必须送至指定的专业维修单位进行维修和再充装，再充装前筒体必须经水压试验。

第五章　施工作业与设备操作

第一节　落实作业条件

一、踏勘环境条件

设备进场前，应对作业环境做充分的调查，以确认是否适合旋挖钻机的工作，对于不合格的场地应予以整改或加固，存在安全隐患的情况绝对不允许进场施工。

确认应从以下几个方面开始：

（一）进场的道路

按照道路的长短、路况决定进场的方式。若道路较长，或路况较崎岖、不平、坚实度较差，不适合旋挖钻机行驶，则必须采用平板车运输的方式。

（二）地形

旋挖钻机的接地比压一般都小于150kPa，对于场地的坚实度、平整度有一定的要求。松软、泥泞的土地应考虑加铺钢板。在回填土施工时，应意识到回填土较为松软，需充分考虑它的坚实度。在河边施工时，需确认河堤的稳固性，避免旋挖钻机侧翻。对松软的场地应使用其他辅助设备对场地进行平整、压实。不得存在侥幸心理。

（三）地面及地下环境

事先确认工作场地空中电缆、地下电缆、气液体管道、水管等设施的种类、位置、走向，埋向、高程以及危害程度，做出明显的标志，防止意外事故的发生，施工前应了解国家或当地的法律法规，制定合理的施工计划。

（四）旋挖钻机工作场地

旋挖钻机工作场地要求具备平整、坚实的地面，坡度≤2°，远离高压电源（缆）线。工作场地应保证旋挖钻机能够完成基本作业。设备工作时需做回转作业，应充分考虑设备的回转半径，保证回转时不应威胁到他人的安全。由于设备钻桅较高，工作时应远离高压电线。当完成桩孔施工后，应在桩孔上做标记，并采取一定的防护措施，保证设备及人员的安全。

（五）工作场地的环境

事先确认工作环境是否属于潮湿、易腐蚀或多粉尘环境，以便制定相应的对策，潮湿环境应注意防止金属部件的腐蚀；多粉尘环境应经常清理和更换空气滤清器滤芯。操作设备时，工作场地旋挖钻机作业范围内应无障碍物和无关人员。

二、落实人员条件，防护用品器具

操作及维修人员的岗位能力要求：

（1）持有作业岗位培训合格证书，接受过设备制造商或专业教育机构的专业培训并已被证明具备操作能力的人，经过雇主主管授权才能操作旋挖钻机；

（2）操作人员在操作或检修之前必须穿戴紧身合适的工作服、安全帽、工作皮鞋等相关的劳动安全防护用品（如：手套、防护眼镜、安全带等）；

（3）操作人员的头发如果太长应扎起，并用安全帽盖起来，以防头发被机械缠住；

（4）用户必须配置急救药品于机械内，并进行定期检查，必要时添加药品，以便急需时使用；

（5）操作或检修之前务必检查所有防护用品功能是否正常；

（6）只有专业技术人员和售后服务人员才能检查、维修、保养旋挖钻机。

三、检查设备状态，保持工作性能

（一）设备是否处于保养或维修中

起动前，操作人员应仔细检查设备的状态，查看是否处于保养或维修状态中。

（二）设备现状与工作性能保持

按要求检查设备状态，确认工作装置、液压缸、胶管无损坏；发动机、散热器、蓄电池周围无灰尘和易燃杂物；液压装置、油箱、胶管、接头无漏油；下车架各部件（履带、驱动轮、导向轮等）无损坏，螺栓无松动；下车架与上车转台螺栓连接无松动；各仪表、监控仪无损坏；冷却液液位、燃油油位、液压油油位、机油油位正常。确认安全锁定手柄处于锁定位置，以防止起动时意外碰到操纵杆，引起工作装置骤然动作，引起事故。

检查结构件、工作装置以及连接部位有无裂纹，如发现异常马上更换；检查其他辅助设备的状况，如灯光、喇叭等确保其正常工作。寒冷天气要检查冷却液、燃油、液压油、机油及润滑油是否冻结，如有冻结则要解冻后才能起动发动机。

第二节　设备正确起动

一、起动时安全事项

（一）“三不起动”原则

1. 机油油位未检查不起动

发动机机油不足时，会造成机油压力过低，无法满足发动机高速运转机件的润滑要求，会造成机件异常磨损，甚至烧结。

2. 液压油油位未检查不起动

液压油不足时，会引起泵吸空，进而引发泵及液压系统“气蚀现象”。

3. 冷却液液位未检查不起动

冷却液不足时，会造成冷却系统效率下降，运转机件磨损，发动机过热，功率下降。

4. 注意起动步骤和集中注意力

不正确的发动机起动步骤会引起机器失控，导致严重的伤亡事故。只允许在驾驶室座椅上起动发动机，绝对不能在座椅以外起动发动机，不能用短路的方法来起动发动机，这样会导致旋挖钻机损坏。起动与旋挖钻机运转时，驾驶员不要做分散注意力的事项。

（二）设备检查起动程序

（1）环绕旋挖钻机检查，确认设备正常后，上机并坐在驾驶员座位上，调整座椅至能够正常操作所有的手柄。

（2）确认安全手柄处于“锁定”位置。确认所有操作杆和踏板都处于中位。

（3）指示灯、显示器检查。当钥匙开关转到ON位置后，显示器屏幕点亮，且指示灯灯点亮。如发现未亮，应当立即检查，否则，当设备在工作过程中出现异常，指示灯将无法正确报警。

（4）异常情况检查。注意看或听旋挖钻机是否有运行不正常的情况，如果发现运行不正常或不稳定，立即停止并立刻修理或报告问题。

（5）喇叭示意。提醒周围人员离开旋挖钻机工作范围，以防意外伤害，并确认旋挖钻机周围没有人后，方可开动机器。

（6）测试操作手柄。确认发动机正常运转。检查发动机油门控制开关。操作控制手柄，确认所有功能正常。根据使用说明书，检查操作手柄功能是否一致。检查动力头、钻桅、变幅、回转、行走等工作是否正常。检查旋挖钻机的声音、振动等是否有异常。

二、寒冷天气起动

1. 预热

寒冷天气起动旋挖钻机前，发动机需要被预热，需要将钥匙开关转到HEAT位置。

2. 蓄电池

当环境温度下降时，蓄电池容量也随之下降。若充电比率低时，电解液容易冻结。为防止电解液冻结，要保持蓄电池充电比率接近100%，并使蓄电池与低温隔绝。一旦蓄电池冻结，以下安全事项必须注意，不然将导致爆炸。

（1）不要让火焰接近蓄电池的顶部。

（2）不要给冻结的蓄电池充电。

（3）跨接起动必须严格遵守操作规程。

三、跨接起动

当蓄电池电力不足时，机械无法正常起动。这时只能实施跨接起动。跨接起动时，必须由两人同时进行作业，其中驾驶员必须坐在座椅上。另外，机械应该停放在硬地或者混凝土地面上，不能停放在铁板或其他金属体上，以避免产生意外火花，引爆蓄电池。操作过程中，蓄电池的正极和负极，绝对不能接触，否则将导致短路。

（一）电缆连接

（1）停下装有辅助蓄电池的机器。

（2）将红色电缆的一端接上待起动机器的蓄电池的正极，并将另一端接上辅助蓄电池的正极。

（3）将黑色电缆的一端接到辅助蓄电池的负极，将黑色电缆的另一端连接到要被起动的机器结构件上作为地线。

（4）起动装有辅助蓄电池的机器。

(5) 起动待起动的机器。

(6) 旋挖钻机起动后，按下文所述拆卸黑色电缆和红色电缆。

(二) 电缆拆卸

(1) 从旋挖钻机结构件上拆下黑色电缆。

(2) 从辅助蓄电池上拆卸黑色电缆的另一端。

(3) 从辅助蓄电器上拆卸红色电缆。

(4) 从待起动旋挖钻机的蓄电池上拆卸红色电缆。

第三节　安全操作规程

一、行走操作

旋挖钻机的行走操作是通过行走操作杆或行走踏板两种方式来完成的。

标准行走位置，张紧轮在旋挖钻机的前部，驱动轮在旋挖钻机的后部，如果驱动轮在旋挖钻机的前部，行走操作杆或踏板的控制将起相反作用，行走前一定要核实驱动轮的位置。

带杆行走前，应确保场地坚实、平整（≤2°），履带处于最大展宽状态，操作人员要求确认作业区域有没有人，有没有任何障碍物，要按喇叭警告作业区域内的人，只能坐在座椅上操作旋挖钻机。除操作人员外，不允许任何人搭乘旋挖钻机，要把驾驶室的门和窗锁定在打开或者关闭的位置上，在有飞落物进入驾驶室危险的工作场地，要检查旋挖钻机的门、窗是否关闭。当带杆行走时，桅杆应后倾30°。

1. 前进和后退

前进：向前推两个操作杆或者踩下两个踏板的前部。

后退：向后拉两个操作杆或踩下两个踏板的后部。

无论是前进或是后退，均可以通过行走操作杆或行走踏板的行程进行速度调整。行走前，应进行充分的暖机操作。避免突然把操作杆从前进转化到后退或从后退转化至前进。

2. 停车

当行走操纵杆或者踏板处于中位位置时，行走刹车会自动刹住旋挖钻机。

3. 转向

右转：向前推左操作杆或踩下左踏板前部。

左转：向前推右操作杆或踩下右踏板前部。

原地转向：向前推一个操作杆，同时向后拉另一个操作杆。

进行转向时，机体可能会晃动。在狭窄场所转向时，应边留心周围状况边缓慢操作。

4. 在斜坡上行走

在斜坡上行走很危险，必须系好安全带并降低行走速度，整体处于运输状态，且不要突然地操作转向，以防旋挖钻机倾翻或侧翻。绝对不要试图上下坡度大于整机理论爬坡度的斜坡。在坡道行走时，随时注意调整变幅液压缸，以防设备前、后端触地。

二、钻孔操作

为了高效、安全地操作旋挖钻机，启动机器前请鸣笛示警，作业过程中，履带未完全处于最大伸展状态，不能进行回转、起升钻桅等动作。当挂装钻头进行钻孔作业时，不得超过变幅范围工作。当钻头未完全提出孔外，并钻头底端未高于履带上平面时，严禁进行回转作业。

在进行钻孔作业时请务必注意：

1. 履带处于最大展宽位置

操作设备前，履带应处于最大展宽状态，确保钻机处于稳定的状态下工作。操作履带伸缩时，应在平整、坚实的地面上进行，履带伸缩完成后，应安装履带伸缩锁止销轴。

2. 平稳操作

在操作倾缸前，应先起升变幅致钻桅高于驾驶室上平面后，再操作倾缸。操作时，应缓慢平稳，查看显示器屏幕，及时调整钻桅左右偏差，随时关注主卷钢丝绳的位置，以防钢丝绳刮住驾驶室等结构件。如带钻杆起升钻桅，在操作倾缸时，需同时操作自放踏板。

3. 回转操作

操作人员的驾驶室位于旋挖钻机左侧，操作人员左侧视野较为广阔。因此旋挖钻机向左回转会比向右回转容易且安全。回转时，应确保周围安全，钻孔作业回转时，应确保钻头底端高于履带上平面。钻机回转时确保声光报警正常。

4. 钻孔作业

钻孔作业前，应根据地质情况，选择合适的钻头。在钻孔作业时，严禁使用动力头下压护筒，严禁主卷钢丝绳过放，严禁过度加压。选择合适的钻进工艺。钻孔时需保证主机桅杆处于垂直状态，严禁在变幅范围外进行钻孔作业。严格按照设备使用说明书的操作。

5. 允许风速

在风速较大的地方施工时，必须考虑风速的影响。测量风速地点应选择在设备鹅头所处位置。

所测量的风速值与表 5-1 相比较，检查风速是否影响设备的稳定性。

设备工作的最大许可风速见表 5-1：

设备工作的最大许可风速 **表 5-1**

风速等级	风速		风压
8	20m/s	72km/h	250N/m^2

如果风速增强超过上述表格的规定值时，设备必须按以下操作进行保护：

（1）将钻具（包括其他的载荷或重物）放到地面。

（2）将动力头降到最低位置。

（3）调整设备上车（回转平台）与主机履带成一直线并将上车锁定。

6. 暴雨天气

在暴雨、台风天气时，应及时了解天气的变化情况，将设备拆装为运输状态，并转移至安全地带。

7. 能见度较低下作业

在能见度较低的地方作业时，打开装在驾驶室上的工作灯，必要时在作业区域内设置辅助照明

第四节　作 业 事 故 预 防

正确动作与操控设备

（1）在钻机装运到拖车时，必须确保钻机履带底盘马达驱动轮为图 5-1 所示位置。

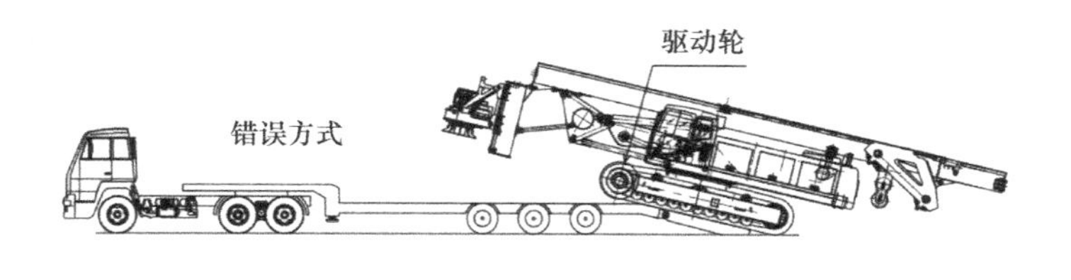

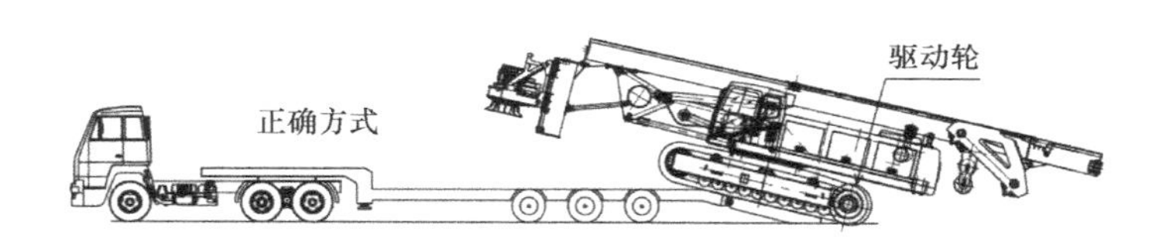

图 5-1　驱动轮的位置

（2）当设备转运至工地后，首先需将履带伸展到最大宽度，并安装履带锁止销。

（3）设备工作前，应确定场地是否坚实、平整，满足工作条件。

（4）在运输状态操作倾缸时，先操作变幅油缸，确保钻桅底面高于驾驶室顶面后再操作倾缸，以防误操作造成钻桅挤压驾驶室。

（5）操作设备时，应选用平稳、舒适的速度。

（6）工作状态操作倾缸立钻桅时，注意观察高空是否有障碍物（如高压线、桥梁等）。

（7）当遇有暴风雨雪天气或风速大于 20m/s 时，应停止工作，并将钻桅放平。

（8）起立钻桅时应与主副卷扬机配合动作，钢丝绳应始终松弛，避免对相关部件造成损伤。

（9）起立钻桅时应将动力头落到最低，并尽量将钻杆和钻具向前伸出。

第五节　旋挖钻机的停放

旋挖钻机停放时的状态

设备长时间不用时需要把钢丝绳拆解，将上车用插销（或拉杆）固定，左右纵梁回收至最里侧并使用履带定位锁止销固定。为减少占地面积，大三角结构旋挖钻机钻桅Ⅱ、Ⅲ、动力头与主机分离。主机设备停放状态如图 5-2、图 5-3 所示。

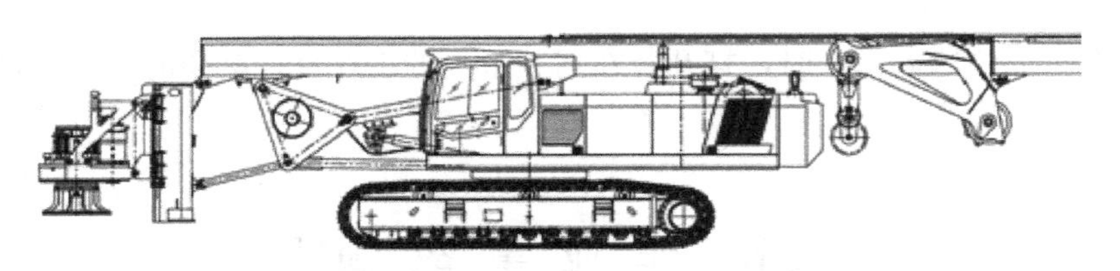

图 5-2 平行四边形结构停放状态

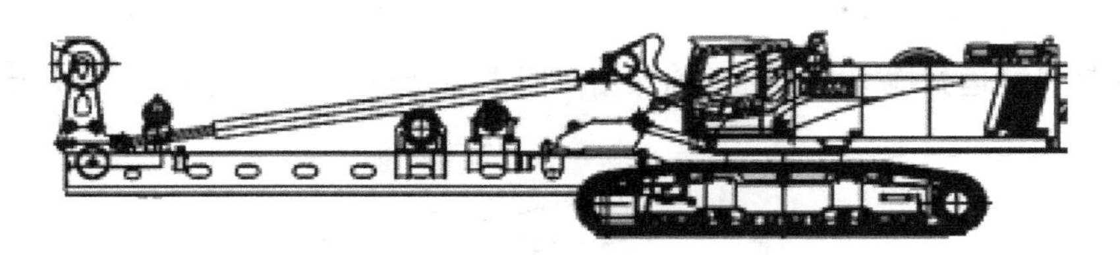

图 5-3 大三角结构停放状态

1. 停机时履行事项：

（1）清洁整机，特别注意清洁行走部分。

（2）回缩所有不需再伸出的油缸活塞杆，并在裸露的活塞杆处涂抹油脂，做防腐蚀处理。

（3）各裸露在外的销轴涂抹 2 号锂基润滑脂，各油杯加注 2 号锂基润滑脂后，安装黄油嘴帽，左右纵梁耐磨板、钻桅大圆盘处涂抹锂基润滑脂。

（4）清理动力头、液压油箱内磁性集污器上铁屑等杂物。

（5）将驾驶室左操纵箱上安全手柄旋向垂直位置，切断液压系统。

（6）检查各操作手柄是否中位，拔出启动开关钥匙，将油门控制旋钮置于最小位置。

（7）关闭电源开关，拆除蓄电池任意一个极桩，锁闭边门。

2. 定期检查与保养事项：

每隔 30 天需对设备进行开机保养，检测系统运转是否正常，并做部件防锈运转。

（1）对室外存放的设备，雨水过后三个工作日内，需检查电控箱、操作箱有无进水受潮现象，若有则严禁启动设备并立即报修，并将进入结构件内的雨水及时排出（如旋挖钻机钻桅）。

（2）检查液压系统、发动机系统是否有漏油、漏水现象，液压元件表面是否清洁，表面不得有锈蚀现象，软管表面无起皮、磨损等缺陷，接头表面有无锈蚀；抽验接头拧紧力矩，若有松动则需仔细检查各区域内软管或接头的质量状况，若有破损，则对其进行更换。

（3）检查螺栓有无缺失、松动等现象。

（4）电气系统检查保养。

1）从蓄电池上部查看密度计（其中：绿色圆表示电池正常；黑色圆表示电池电量低，需要充电；白色圆——表示电池报废，需要更换）来检查蓄电池的电量，也可以采用开机后查看监控器上的发动机充电报警指示灯是否亮起，若亮起则表明需要对蓄电池进行充电。充电时要把蓄电池从旋挖钻机上卸下来，放到一个通风良好的地方进行充电。

2）检查电缆或电线是否有松动、扭结、发硬、绽裂现象，对于不能用的电缆、电线，应及时更换；检查端子盖是否丢失或损坏，若有则及时进行补充。

（5）检查各部位油液位置，若低于警戒线，则按照标准加注至标准位置。

注意：1）各油液是否变质，如发现变质，应立即更换。

2）正常情况下在释放液压油管内压力之前，不要进行加油、放油或进行其他维护、检修操作。

（6）用直尺靠在支重轮上检查行走履带是否张紧，履带下垂度度在 8～10mm 之间。

注意：张紧油缸内存有高压润滑脂，若螺塞、黄油嘴松动，高压油脂会喷射出来，因此，在逆时针转动放油螺塞决不能超过一圈，同时在调整下垂度过程中禁止把脸、手、脚或身体其他部位正对着放油螺塞或黄油嘴。在对履带张紧装置加注黄油前，要将加注口周围的杂物擦拭干净，防止黏附的沙子或污物对零部件的旋转造成磨损。

（7）起动发动机时需将拆解的电瓶线连接，开启电源开关，将操作安全手柄至水平位置，怠速运转 5min。

注意：不要使起动电机持续运转 15s 以上，若发动机第一次无法起动，应将钥匙开关转回到关的位置，则至少要等 2min 以上再重新起动。为防止起动电机损坏，连续起动运转不超过 15s。

（8）观察仪表的各种指示参数是否正常，如有问题需及时检修。

（9）检查照明灯、指示灯、警示灯、雨刮、雨刮喷水、前后喇叭是否正常工作。若运转不正常，则对相应的电气线路进行检修。

注意：连续鸣叫电喇叭时间不超过 30s。

（10）应开启空调，检查其是否正常运行，若有出现无法制冷/暖现象。则对空调系统进行性能检测，若发现管道连接处附近有渗水现象，则对空调机管道进行检测。

（11）为防止液压缸活塞杆生锈，运转各运动部件，进行整机动作性能检查。

（12）观察工作时各部件是否有异响、振动幅度、散发的气味是否有异常，发动机各结合面、接头有无渗漏现象，主副泵有无异响、发热、渗漏现象，如有，则对旋挖钻机相应区域进行检查。

第六节 旋挖钻机的安装与拆解运输

一、钻机进入工地

钻机一般通过平板运输车运输进入工地，当进入工地后，选择一片宽敞、坚实、平整的场地停放，放下跳板（跳板与地面的倾角不超过 15°），小心操作钻机，使钻机平稳的开下平板车。在钻机开下平板运输车的过程中，需随时调整变幅机构与钻桅的角度，防止钻机因平衡而造成的跌落或者部件触地带来损害，如图 5-4 所示。

主要事项：

（1）操作者应具备熟练操作钻机的技能，熟悉各部件的功能及使用方法。

（2）对接钻桅时其场地尺寸应不小于 $20 \times 8m^2$，并远离高压电源线（缆）。

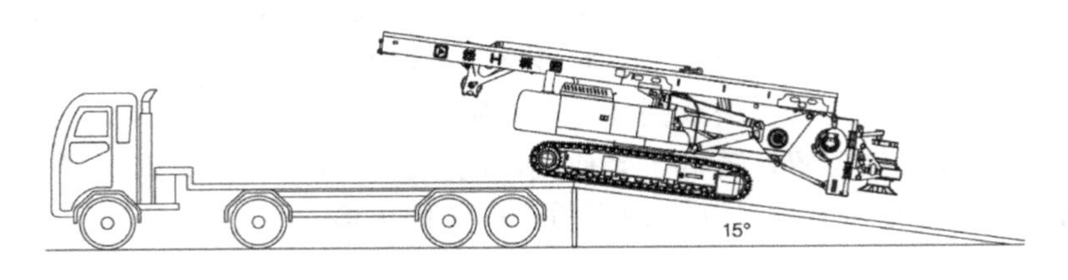

图 5-4　钻机上、下平板车

(3) 在钻机就位施工之前的每一步工作都应以三人参与操作为最佳，至少有两人熟知该设备的使用、操作方法并进行统一指挥。

(4) 如果首次接触该钻机，应在充分阅读使用说明书后熟知各操作手柄、按钮功能，并在完全有把握操作该设备的情况下，方可对其进行操作。

(5) 对相关零部件的搬运、移动应使用必要的吊具。

二、钻机的安装

安装（对接）钻桅

1. 取出钻桅与钻桅之间的固定连接螺栓；

2. 使用辅助设备推动鹅头及钻桅绕两节钻桅之间的铰接销轴逆时针转动约 165°，使两节钻桅端面板的机加工平面接触，随即安装端面板之间的连接螺栓并紧固，螺纹部位涂抹适量的螺纹紧固胶。如图 5-5 所示。

3. 使用必要的工具或设备支撑住鹅头总成，拆除鹅头与钻桅之间的连接拉杆，提升鹅头，并使鹅头总成的底板与相接触钻桅的端面板贴合，如图 5-6 所示。

图 5-5　钻桅安装

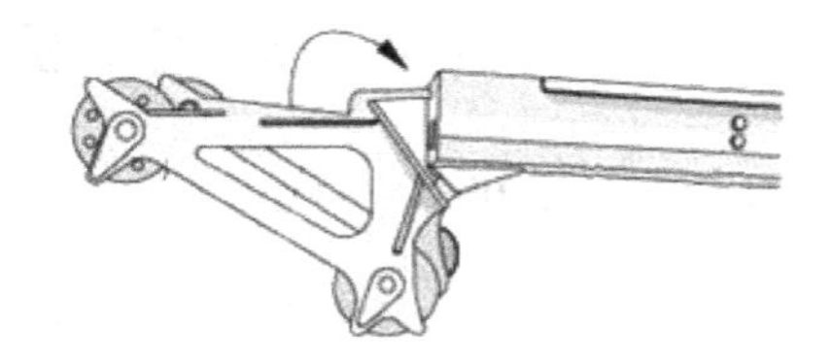

图 5-6　鹅头安装（一）

4. 安装两板之间的连接螺栓，采取两次加力方式拧紧，其力矩按设备规定要求进行，螺纹部位涂抹适量的螺纹紧固胶。如图 5-7 所示。

5. 通过操作驾驶室内电气手柄来控制倾缸的伸缩，进而实现钻桅的起升与下落。左右操作该手柄可随时调整钻桅的左右方向倾斜角度。如图 5-8 所示。

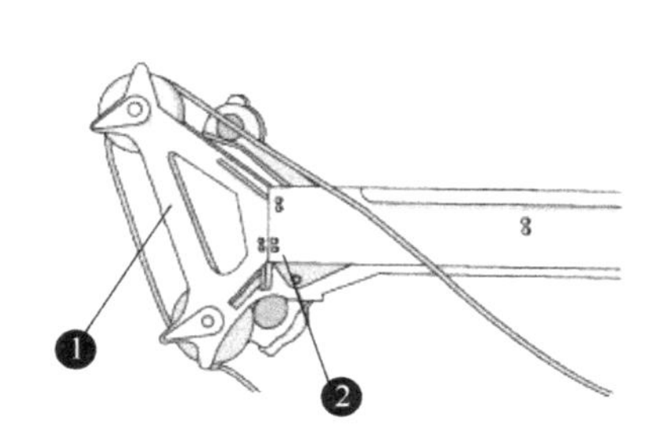

图 5-7　鹅头安装（二）
1—鹅头；2—连接螺栓

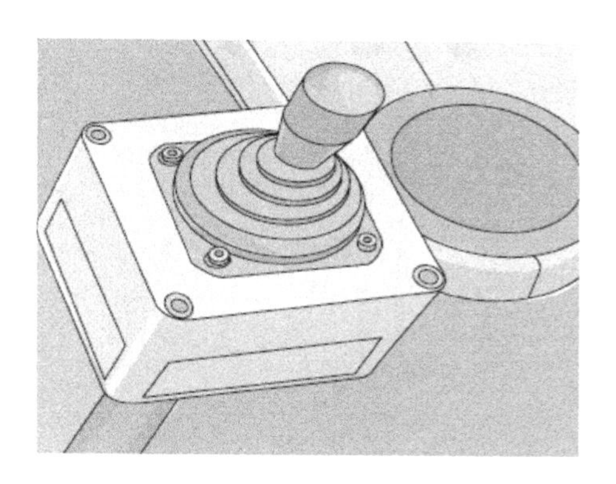

图 5-8　钻桅操作手柄

6. 缓慢操作倾缸，起升钻桅。如图 5-9 所示。

注意事项：在操作钻桅起升或下降时，必须先起升变幅，使钻桅底面高于驾驶室的顶面，防止倾缸的偏斜挤坏驾驶室而对人造成意外的伤害。

7. 当钻桅与钻桅端面贴合时，立即停止操作。安装两板之间的连接螺栓，同样采取两次加力方式拧紧，螺纹部位涂抹适量的螺纹紧固胶。如图 5-10 所示。

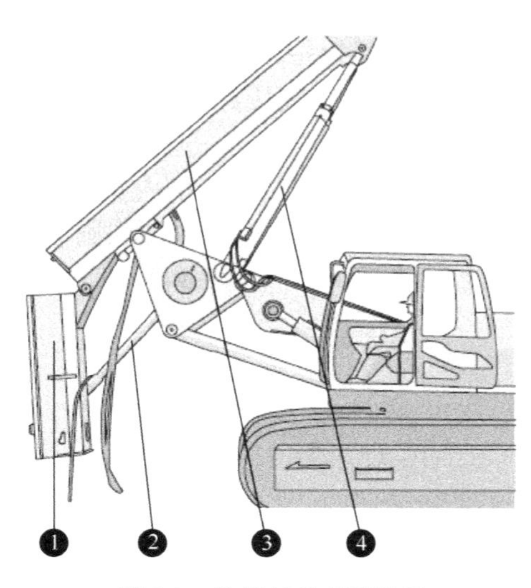

图 5-9　钻桅起升或下降图
1—钻桅；2—连接螺栓；3—小拉杆；4—倾缸

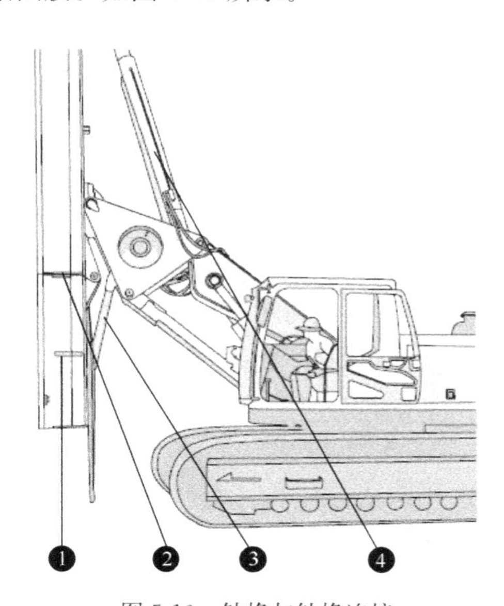

图 5-10　钻桅与钻桅连接
1—钻桅；2—连接螺栓；3—小拉杆；4—倾缸

8. 在钻桅总成连接紧固之后，微调倾缸动作，使连接三角架的拉杆（简称“小拉杆”）不受力时，取出小拉杆的固定销，拆下小拉杆，并妥善保存。如图 5-11 所示。

9. 操作加压油缸手柄，使加压油缸伸出，当油缸安装孔和动力头安装孔同心时，装入连接销并锁死。如图 5-12 所示。

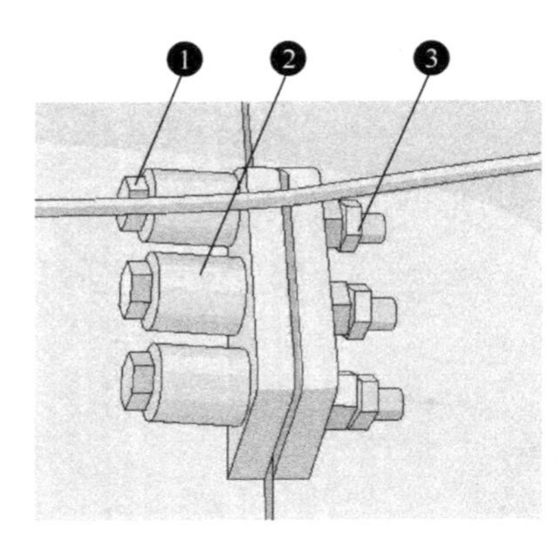

图 5-11 螺栓连接示意图
1—螺栓；2—缓冲套；3—防松螺母

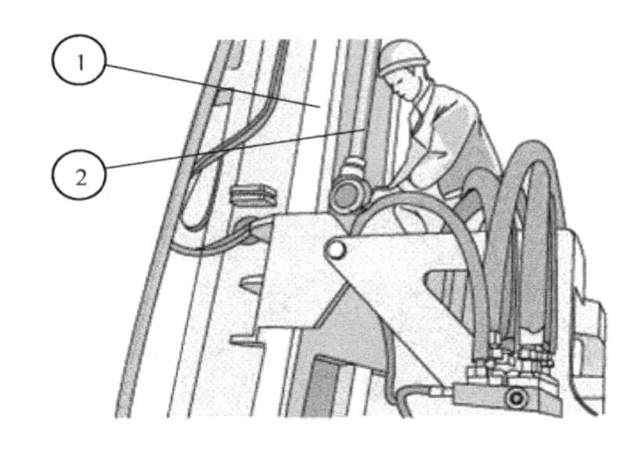

图 5-12 加压油缸与动力头连接
1—钻桅；2—加压油缸

三、安装钢丝绳

1. 主卷钢丝绳

（1）操作倾缸操作手柄，使钻桅总成处于水平状态，其下端面正确的置于钻桅支架上。

（2）把钢丝绳的自由端（未经压制或安装绳卡），按照图 5-13 所示箭头方向从鹅头支架上端的内挡，顺着主卷滑轮槽并跨越下端另一滑轮再穿越背轮。在穿越滑轮槽的过程中，注意避开滑轮附近的钢丝绳限位销，确保作业期间钢丝绳始终与滑轮的沟槽相贴合。

（3）放松主卷钢丝绳的压紧弹簧，确保钢丝绳能够自由通过压绳器与卷筒之间的间隙。

（4）继续拉动钢丝绳顺着滑轮槽穿行，直到其自由端从卷筒安装凸缘的内侧穿越过墙孔置于压板内侧为止。安装压绳板及紧固螺栓，按顺/逆时针同一顺序拧紧相同圆心角上的两根螺栓。采取两次加力方式拧紧，螺纹部位涂 262 乐泰紧固胶（图 5-14）。

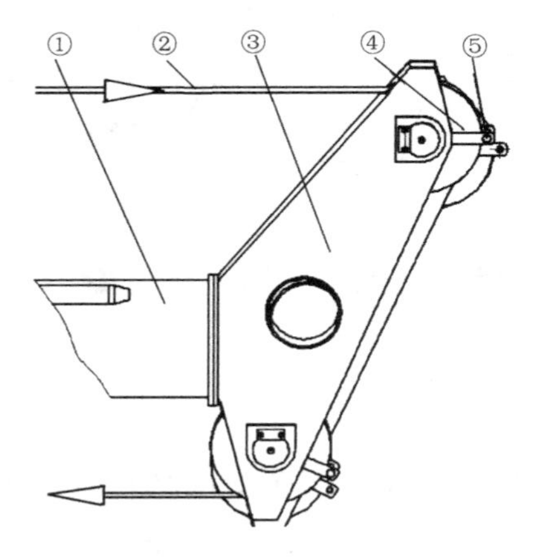

图 5-13 钢丝绳自由端穿行鹅头滑轮序
1—钻桅；2—钢丝绳；3—鹅头支架；
4—滑轮；5—限位销

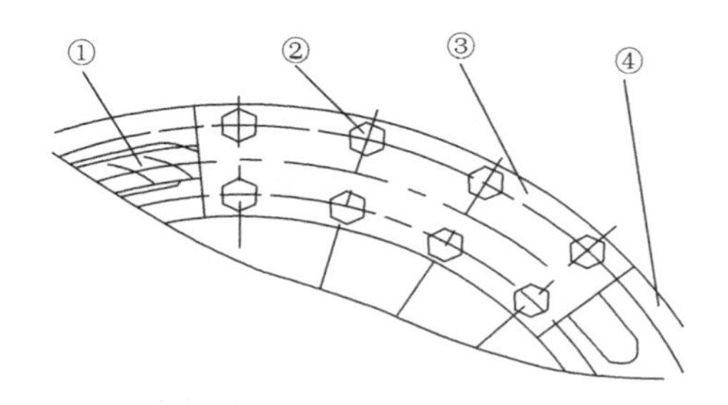

图 5-14 钢丝绳自由端的固定
1—钢丝绳；2—紧固螺栓；
3—压板；4—卷筒

（5）调整主卷钢丝绳压紧弹簧的拉力，确保绳体受到的压紧力维持在合理的范围内。

（6）操作主卷手柄，使主卷卷筒向收绳（缠绕钢丝绳）方向旋转。此时，注意观察钢丝绳的入绳角度、位置以及卷筒的旋转速度，防止乱绳。直到卷筒上钢丝绳缠绕的圈数符合要求为止。

2. 副卷钢丝绳

其安装过程、方法与主卷钢丝绳基本相同，只是该钢丝绳所跨越的是鹅头上副卷滑轮，其自由端固定在副卷筒凸缘外端面时，其余要求同主卷钢丝绳安装步骤（图 5-15）。

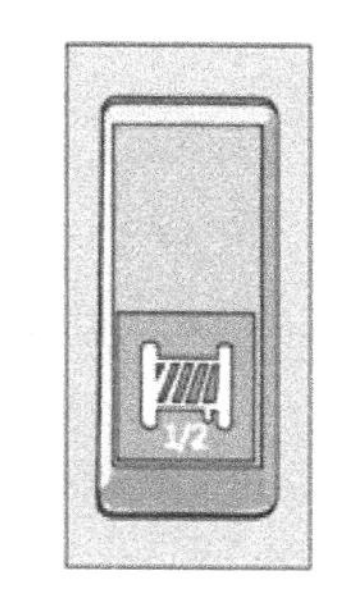

图 5-15 副卷扬切换按钮

四、安装钻杆

安装钻杆应选择坚实、平整、宽敞的场地，并远离高压电源线。同时要小心操作，以三人参与操作为最佳，至少有两人熟知该设备的使用、操作方法并统一指挥。

1. 把钻杆总成的提引器端朝向钻机的正面，如图 5-16 所示。保持钻杆两支脚（滑块总成）支撑于地面，提引器连接钢丝绳及连接钻杆牵引耳板销轴的中心线平行于水平面。

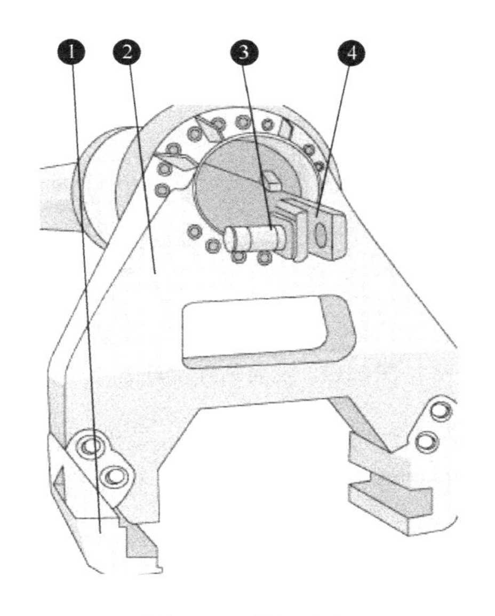

图 5-16 钻杆总成

1—钻杆；2—钻杆托架；3—固定销轴；4—提引器

2. 按图 5-17 所示❶竖立、调整钻桅的垂直度并下放主卷钢丝绳，动力头置于最低位置状态，并将钻机行驶至钻杆前方；

3. 按图 5-17 所示❷前倾钻桅，并且连接钢丝绳与钻杆回转接头，将其固定。

4. 按图 5-17 所示❸提升主卷钢丝绳，并不断的向前行驶，来保证钢丝绳悬挂端为竖直状态，以防止钻杆下端滑动而引起撞击。

注意事项：

在提升钢丝绳的过程中（钻杆下端未离开地面之前），只允许提引器与钻杆牵引耳

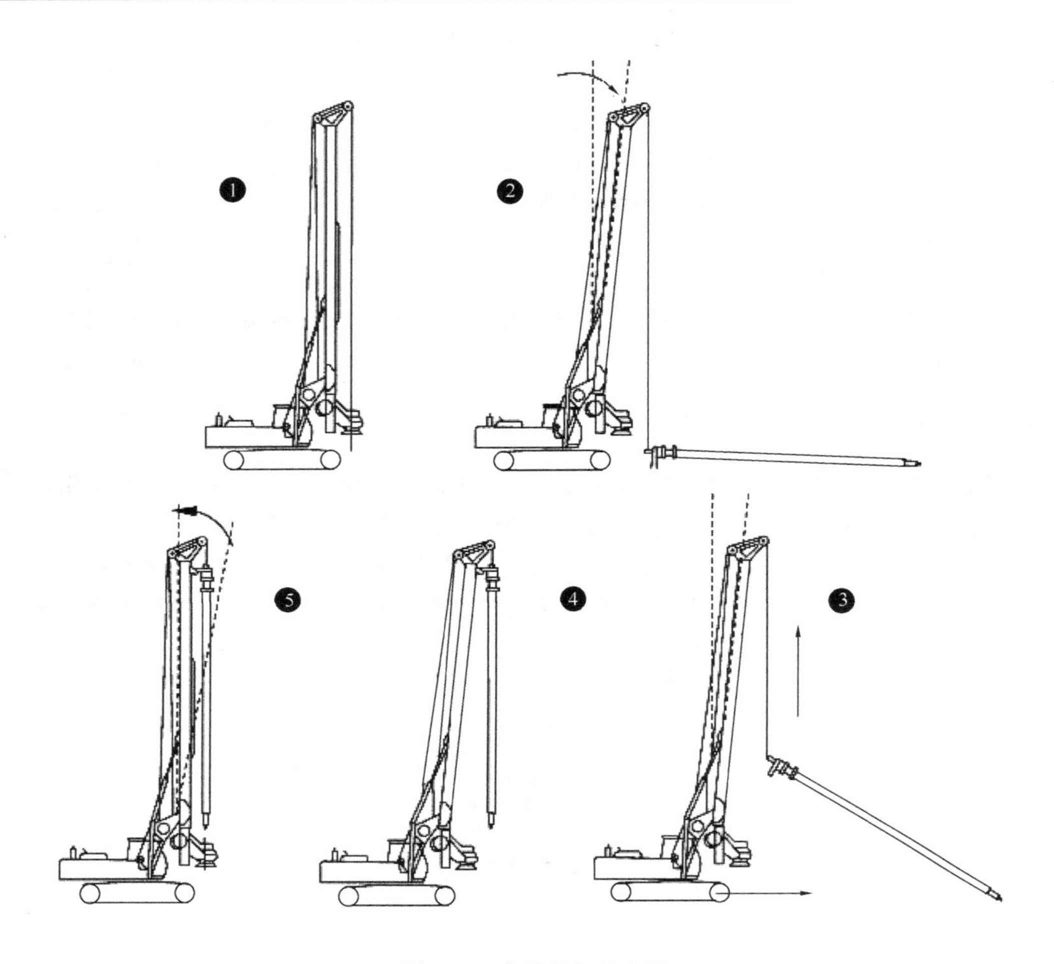

图 5-17 安装钻杆示意图

板承受拉力载荷，应避免承受过大弯矩的现象，如果出现图 5-18 下部的情形，应立即停止其提升操作并进行必要的调整，确保所承受载荷符合要求后，再继续提升主卷钢丝绳。

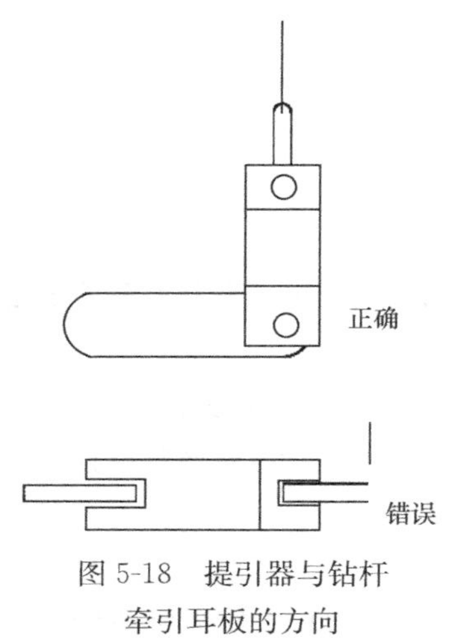

图 5-18 提引器与钻杆牵引耳板的方向

5. 按图 5-17 所示❹将钻杆提升超过动力头的高度，同时钻杆托架支脚下端面高于导轨的顶部。

6. 按图 5-17 所示❺缓慢减小钻桅的前倾角度直到其前端面与水平面垂直为止，按下位于控制面板上的“主卷高度限位”按钮，同时下放主卷钢丝绳，当钻杆方轴进入动力头的减震器的内部空间之后，动力头上需要有人观察并及时调整钻杆外键与动力头驱动套内键的位置关系，确保两者安装位置的正确。

7. 继续下放主卷钢丝绳，松开“主卷高度限位”按钮，同时提升动力头，则完成钻杆的安装工作。

五、安装钻头

1. 将合适的钻头放在钻机的附近，并使其旋挖中心线尽可能与地面保持垂直。

2. 适当提升动力头的离地高度，移动钻机并及时调整钻杆方轴与钻头方孔之间位置，将其方轴放入钻头的方孔中。

3. 适当下落钻杆，当钻杆方轴、钻头方孔的销孔达到一定的同轴度时，由辅助人员插入锁止销，并对该销采取防脱落措施。

六、钻机移位（图 5-19）

每当该钻机完成一个灌注桩孔的旋挖作业后，应马上转移到下一孔位进行相同循环的作业，钻机在孔位之间的转移操作也十分常见。

1. 把动力头、钻头放在最低的位置。

2. 操作钻桅后倾约 45°，再将钻机缓慢后退到适当的位置。

3. 适当调整钻头及底盘的位置，即可完成该钻机孔位之间的转移以及新孔的就位操作。

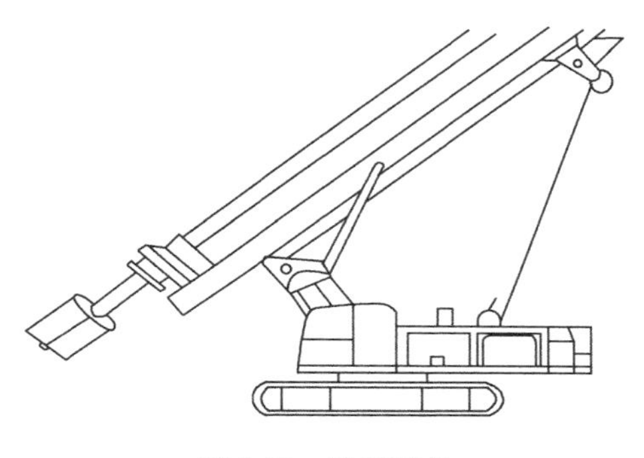

图 5-19　钻机移位

七、钻机的拆解

（一）钻头拆卸

钻机施工过程中需要更换钻头或进行长途转移时，首先必须进行钻头部件的拆卸。其操作步骤如下：

1. 卸净钻头内的泥土，关闭斗门。如有必要，还需清理挖斗外壁的附着物（如黏土）。

2. 将钻机行驶到宽敞、平整、坚实的场地上，并远离高压电缆（线）。顺时针转动回转平台约 90°，下放主卷扬将钻头支撑在地面上，确保钢丝绳处于完全放松状态，如有必要，可旋转动力头使斗齿适当入土或使用垫木垫牢其底部（确保钻头脱离钻杆后不会倾倒伤人）。

3. 缓慢提升主卷扬（钻杆）并及时调整高度位置，确保钻头、钻杆之间连接的销轴处于无荷载状态。

4. 拆除连接销轴上的止退销，同时拔出该销轴。

5. 继续提升钻杆，使下端方轴完全脱离钻头的安装方孔，逆时针旋转回转平台，使司机室朝向钻机的正前方。

（二）钻杆拆卸

完成上述操作后，继而进行的是钻杆的拆卸。

1. 按图 5-20❶所示将动力头置于最低位置（与钻桅下端挡块接触），并向后扳动左前先导手柄缓慢提升主卷钢丝绳（当高度限位起作用时，可以按下右手柄上的高度限位解除按钮），当钻杆顶部拖架支脚（滑块总成）下端，脱离钻桅导轨顶端时，停止主卷的提升动作。

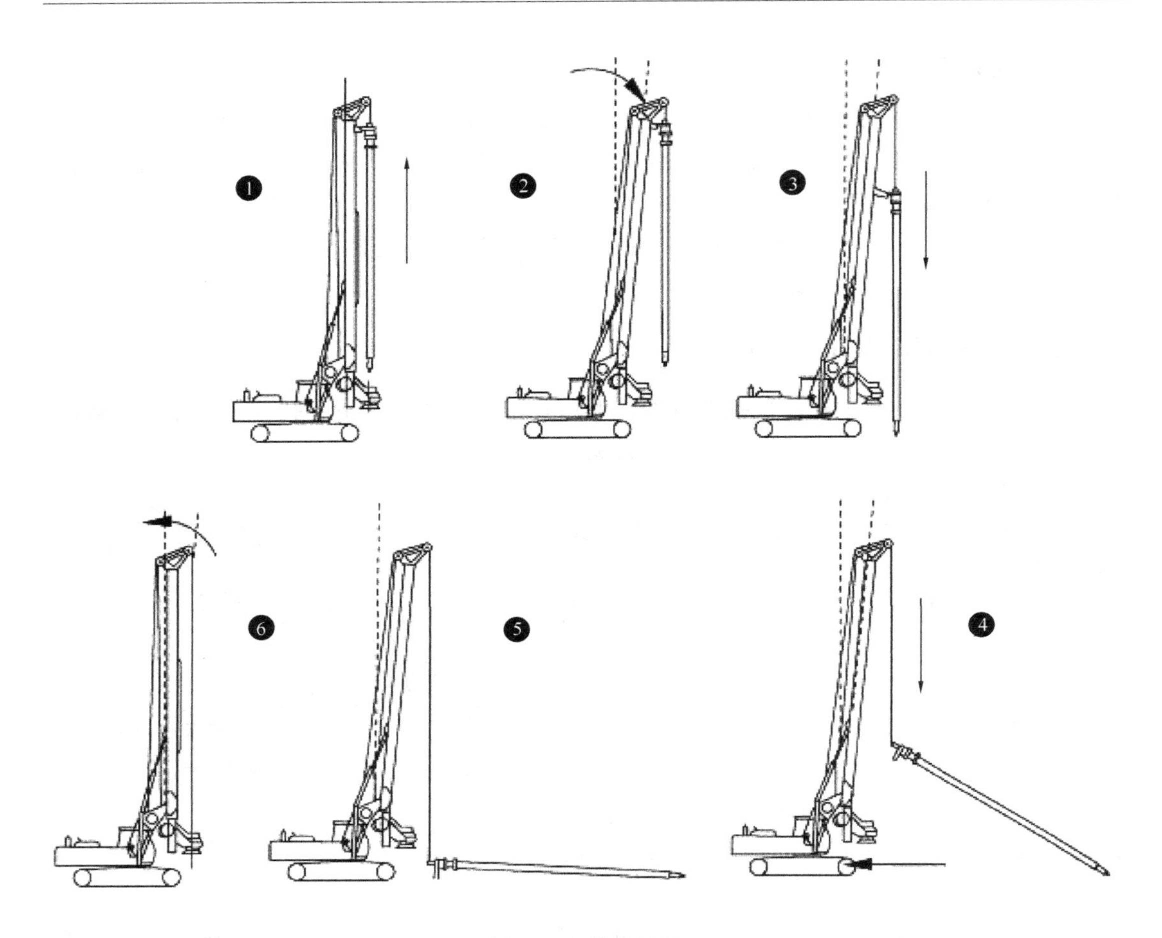

图 5-20　钻杆拆卸

2. 按图 5-20❷所示缓慢操作钻桅前倾约 5°。

3. 按图 5-20❸所示下放主卷钢丝绳，直至钻杆方头触地。

4. 按图 5-20❹所示缓慢下放主卷钢丝绳，同时一边操作钻机后退，来保证钢丝绳悬挂端为竖直状态，以防止钻杆下端滑动而带来的撞击损害。

5. 直至钻杆拖架的支脚完全支撑地面为止，如图 5-20❺所示。

6. 按图 5-20❻所示拆卸钢丝绳与钻杆回转接头的连接销轴，将钢丝绳的环套（穿过连接销的端部）放进动力头的驱动套内，并保持该环套露出动力头承撞体的下端面。缓慢减小钻桅的前倾角度直到其前端面与水平面垂直为止，此时完成钻杆的拆卸工作。

（三）钻桅折叠

如果该钻机需要进行长途转运，攀登平板车前必须进行钻桅折叠的操作。其步骤如下：

1. 保持钻桅垂直于地面状态，连接第一节钻桅、三角架之间的（运输）拉杆。

2. 向前扳动右前先导手柄，操作加压油缸的伸出，将动力头放到第一节钻桅下端的限位块上。

3. 适当调整加压缸杆的伸出长度，确保该活塞杆与动力头托架之间的连接销轴，处于无荷载状态，并取出该销轴。

4. 回缩加压油缸活塞杆至最短尺寸。

5. 拆除第一节钻桅、第二节钻桅之间的连接螺栓，操作钻桅控制手柄将第二节钻桅、第三节钻桅及鹅头放至水平状态，并确保钻桅正确落到钻桅的支架当中。

6. 使用必要的设备或工具支撑住鹅头，拆除第三节钻桅与鹅头之间的连接螺栓，并适当且缓慢下放鹅头。

7. 连接第三节钻桅与鹅头之间的连接拉杆；同时撤掉鹅头的支撑工具。

8. 拆除第二节钻桅、第三节钻桅之间的连接螺栓，并推动第三节钻桅、鹅头绕第二节钻桅、第三节钻桅之间的铰接销顺时针旋转约 165°，同时把第二节钻桅、第三节钻桅通过运输支耳及螺栓连接在一起。

9. 操作主、副卷扬缠绕过于松弛的钢丝绳。

八、钻机的运输

钻杆和动力头拆卸完成之后，可以开始准备设备的运输：

1. 上车回转必须锁死；

2. 拉下安全手柄到竖直关闭位置；

3. 关闭发动机；

4. 取下起动钥匙锁上驾驶室的门窗。

办理必要的交接手续后，货运公司将负责对设备实施全程的运输。

货运公司需要明确的信息：整机的重量、拆除部件的重量。

（一）起吊、装车和运输须知

1. 所有装载在运输车辆上的部件，都必须捆绑、固定结实。以确保车辆在工地等不平的路面上行驶或者在转弯、刹车时，不会引起部件的移动、错位，而导致车辆翻车或是损伤零部件等事故的发生。

2. 每次开车前，驾驶员有责任检查所有的零部件是否移动，是否都很好地固定在运输车辆的平板上。

3. 确认车辆侧板和后板的固定装置和安全装置是否完全正常，张紧链条是否完全可靠。

4. 在设备运输过程中严禁车厢内载人。

5. 设备在装卸过程中，应确保两履带所在的斜桥高度与角度一致，其余人员应当在危险范围之外。

6. 不得用车辆边板作为车辆与地面之间的斜桥。使用承重桥时，须防止其滑动。

7. 在起重机装卸时，确保其钩环、钩等安全可靠。

8. 在运输过程中容易被忽视的小零件，一定要妥善保管，以免在运输过程中遗失。

9. 带有尖角、锐边的部件，在运输过程中一定要采取相应的保护措施。

（二）分解运输

当运输时重量超过公路限制吨位时，需要采取分解运输的方法实施设备的长途转移。

1. 拆卸配重；

2. 拆卸动力头；

3. 拆卸左右纵梁和履带总成；

4. 把拆卸后的各部件及上车吊装到拖车上，并固定牢靠。

第六章　日常维修与保养

本章只针对最为常见的柴油直喷发动机为动力的旋挖钻机进行叙述。

第一节　日常维护保养安全规范

设备维修保养前或维护过程中，必须遵守以下安全规范：

1. 只有经过授权的技术熟练的维护人员，熟悉设备并理解说明书的相关内容后，才能从事该项工作。

2. 按规定的时间间隔进行维护保养。

3. 对于设备的具体的部件，参看具体部件的维护和保养说明书。

具体措施：

(1) 将钻具停放到地面。

(2) 拉下安全手柄到竖直关闭状态，关闭发动机并取下发动机钥匙。

(3) 将设备和维护部件贴上维护标记，以防止意外事故的发生。

(4) 严格遵守安全操作规范，穿戴好必须的防护用品，以及其他的一些保护措施，如防护眼镜、安全帽等。

(5) 使用压缩空气压力从事清洗工作的人员必须穿好工作服、戴好防护眼镜；压缩空气最大不能超过 200kPa。

(6) 靠近电池的地方，严禁烟火。

(7) 要特别小心发热的部件和润滑剂。

(8) 在液压油箱、油路管线等易于引起火灾的地方，严格禁止焊接作业。

(9) 当发动机正在运转或者设备正在工作或行走的时候，不要对设备进行任何调整。

(10) 液压系统的压力没有释放之前，不要对其进行任何维护工作。

(11) 当更换液压油时，要准备好足够大的容器，并且要妥善处理好废油，防止污染环境。

(12) 添加或更换的液压油须过滤后才能注入油箱。

(13) 保证维护时使用的工具和设备安全、可靠。

第二节　日 常 检 查 要 领

一、日常检查项目

日常检查是机器起动前必须进行的一项工作，以免在操作过程中产生机器损坏、人员伤亡等安全事故，因此非常重要，主要包括以下几个方面：

（1）检查控制开关和仪表；

（2）检查钻杆提引器；

（3）检查钢丝绳；

（4）检查动力头动力箱油位；

（5）检查行走履带下垂度；

（6）检查液压油箱油位及液压油；

（7）检查机油油位、燃油油位、冷却液液位；

（8）检查软管和管路的泄漏、扭结、磨损和损坏；

（9）检查零件的松动和遗失；

（10）绕机器巡回检查。

维护保养时如图 6-1 所示。

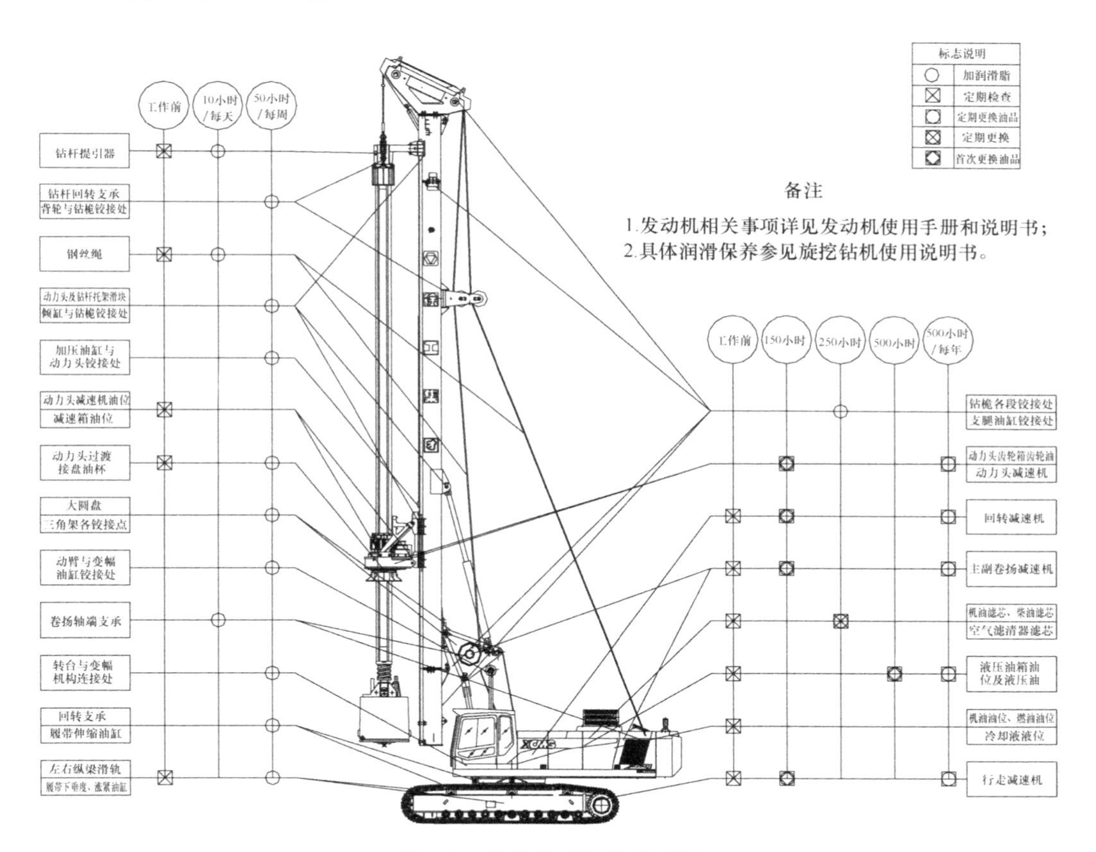

图 6-1　旋挖钻机润滑示意图

二、检查控制开关和仪表

开机前将钥匙开关打开至“ON”（图 6-2）位置，检查各指示是否有异常（注意：还未检查机油和冷却液的液位，此时请勿起动发动机）。

1. 各指示灯工作是否正常。

图 6-2 钥匙开关

2. 燃油表指示是否正常。

检查燃油表，若燃油油量偏低，请加油。加注燃油时，一定要在停机状态下，且加油现场应严禁明火。

3. 显示器指示是否正常。

确认显示器是否正常；若指示灯损坏，请及时与经销商联系；若小时表的显示达到规定保养间隔时间，请进行相应的保养操作。

4. 各工作开关是否处于合适位置。

各工作开关位置请严格按照《设备使用说明书》。

三、钻杆提引器

工作前，务必检查提引器与钻杆、钢丝绳连接是否固定牢靠，否则可能导致严重的施工事故。

四、钢丝绳

每天必须检查钢丝绳及其绳头的潜在损伤和变形，尤其是那些与钢丝绳接触的相关设备及部位。

五、动力头动力箱油位

动力箱上配有油位观察窗口，装有油标，便于时常观察动力箱内的油位；
每天必须检测动力箱内的油位；
动力箱内的油面需始终处于油标中间偏上位置。

六、行走履带下垂度

履带过松或过紧都会缩短履带和驱动零件的使用寿命，因此有必要经常检查履带的下垂量。

七、液压油箱油位及液压油

观察液压油箱上油位指示计，检查油位是否处于上下刻度之间。若液压油油量不足，要及时添加。

八、机油油位、燃油油位、冷却液液位

启动发动机前，必须亲自检查机油油位、燃油油位、冷却液液位。发动机机油和冷却液对于发动机正常运转至关重要，检查切不可少。

九、检查软管和管路的泄漏、扭结、磨损和损坏

每天工作前都应该检查软管和管路是否有泄漏、扭结、磨损和损坏等现象，扭结、磨损的管路若不及时修理或更换，会导致损坏或泄漏等更大的安全事故。因此绝对不可以对

软管的小毛病视而不见。

十、检查零件的松动和遗失

每天工作前都应该检查各部件有无零件的松动和遗失。主要包括以下两个方面：

1. 钻头和钻杆连接销轴的松动；
2. 变幅机构销轴的磨损和松动。

十一、绕机器巡回检查

在机器起动情况下，可绕机器一周检查一般现象，注意发动机、液压设备等的噪声、热量有无异常。

在进行此操作时，还应特别注意以下几点安全事项：

1. 将钻杆钻具降低至地面，关闭先导安全手柄。
2. 禁止操作任何动作。

第三节　日常检查的注意事项

作为一名合格的旋挖钻机操作人员，除了日常检查外，还应该根据小时表进行安全、正确的保养。应严格按照厂家规定的保养时间间隔进行保养，并使用厂家指定的纯正零部件。

一、加润滑脂

应严格根据厂家的工作机构润滑部位和保养周期表加注润滑脂，旋挖钻机一般配置集中润滑系统。

（1）当机器在水、泥中或在极其严酷的条件下操作时，需要将润滑保养周期缩短。

（2）润滑脂加注完毕，应清理机器上及其周围多余润滑脂，以保证机器清洁并防止滑倒。

（3）润滑系统用油质必须是清洁、新鲜的润滑脂，严禁回收使用，加油口内的滤网应每年更换或清洗一次。

（4）润滑泵内润滑脂被使用到油箱下油位时，控制器最低油位开始报警时，应及时补充润滑脂。

二、电气系统

（一）蓄电池

1. 注意事项：

（1）蓄电池的气体能引起爆炸，故应防止火星和火焰接近蓄电池。

（2）电解液含有硫酸，能灼伤皮肤、腐蚀衣物；溅到眼睛里，会造成失明。所以，在保养蓄电池时要戴上眼睛保护用具和橡皮手套，同时也要避免吸入电池放出的烟雾。

（3）如不慎皮肤上溅到电解液，应用大量水冲洗；如眼睛溅到电解液，除用大量水冲洗外还应及时就医；如不慎将电解液咽下，可喝大量的水、牛奶、蛋液或植物油，并及时就医。

（4）在维修或更换蓄电池的时候，总是要先拆下（一）负极端子，并在最后安装。接线端子的安装必须紧固并涂以凡士林防腐。

（5）不要把工具等金属物放在电池上，避免电池短路。

在维修或更换蓄电池，应关闭发动机和所有的开关并拔出钥匙。

2. 蓄电池的清洁、更换及废电池的回收

（1）蓄电池清洁用干净的布清洁蓄电池表面，保持接线柱清洁，在接线柱上涂凡士林，然后安装接线柱盖。

（2）蓄电池回收请务必回收蓄电池，通常将废旧的蓄电池返回到下列地点中的一处：

1）蓄电池供应商；

2）被授权的蓄电池收集场；

3）回收厂。

（3）蓄电池、蓄电池电缆或蓄电池断路开关更换。

1）将发动机起动开关钥匙转到 OFF（关闭）位置，并将所有的开关转到 OFF（关闭）位置；

2）将蓄电池断路开关转到 OFF（断开）位置，取下钥匙；

3）断开蓄电池上的负电缆；

4）断开蓄电池上的正电缆；

5）断开蓄电池断路开关上的蓄电池电缆，进行必要的修理或更换蓄电池（蓄电池断路开关装在机器的机架上）；

6）在蓄电池断路开关处连接蓄电池电缆；

7）连接蓄电池正极电缆；

8）连接蓄电池负极电缆；

9）插上断路开关钥匙，将蓄电池断路开关转到 ON（接通）位置。

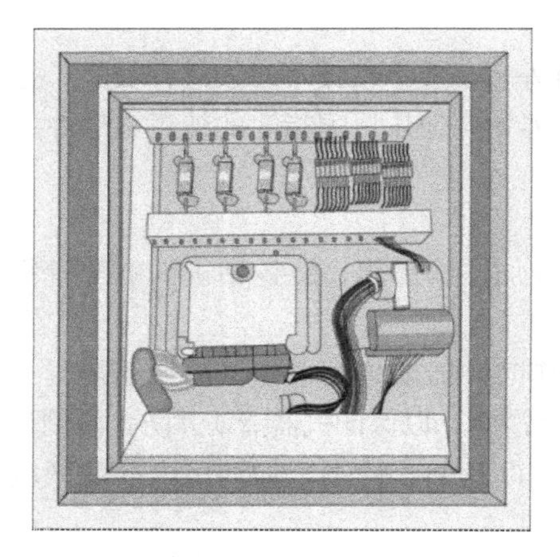

图 6-3　保险丝位置

（二）更换保险丝（图 6-3）

1. 如果电气设备不工作，应首先检查保险丝。保险丝位置规格图一般贴在电控柜上。

2. 安装具有正确安培数的保险丝，谨防因过载而损坏电气系统。

三、液压系统的保养

（一）液压胶管的使用和保管

1. 液压胶管的使用注意事项

胶管应在自由状态下储存于干燥、无尘的地方，并避免阳光或紫外线的直接照射。

即使正确储存、使用，经过一定时间后胶管依然会老化，需要更换。如果生产商没有推荐与此有关的建议，请查阅下面表格的内容，如果超过储存期或服务期，胶管必须更换。

胶管的使用寿命还取决于工作环境和使用条件。在极端的工作条件下（如工作环境高温、高压或胶管移动过于频繁），将会缩短胶管的使用寿命。如果用户有此项特殊的要求，采购时一定与生产商交流、磋商，见表 6-1。

胶管储存期及使用寿命　　表 6-1

名　称	储　存　期	使　用　寿　命
胶管要求	2 年	6 年

2. 胶管的再利用

胶管使用一段时间后已不再符合安全标准，不可再继续使用；若需重新利用，为安全起见，须对胶管末端和接头更新调整。

再利用的胶管投入使用之前，必须进行安全检测。

3. 胶管检查和更换标准

胶管或胶管总成有下述缺陷之一的，应立即更换：

（1）胶管已损坏到内层（如磨损、切口或裂缝）。

（2）胶管表层变脆（如表面已有裂痕）。

（3）胶管变形。无论是否有压力存在的情况下，或弯曲的地方，均不能恢复原来的形状（如爆裂、层与层之间脱离、起泡）。

（4）胶管泄漏或连接不紧。

（5）接头损坏或变形，无法密封。

（6）胶管头从扣压处脱落。

（7）接头腐蚀，造成密封性或材料强度的降低。

（8）胶管和接头装配不好。

（9）超过了储存期或使用寿命。

（二）液压缸的维护

1. 液压缸的维修

（1）密封损坏的液压缸必须立刻修理或更换。

（2）只有具备熟练技术和受过一定培训的专业人员，才能进行液压缸的修理工作（严禁在尘土飞扬的施工工地修理液压缸）。

（3）必须在没有压力的情况下才能连接管路和液压缸。

（4）敞开的接头、胶管、液压油缸应当立即用堵头封死。

2. 液压油缸的保养

每天或最少每工作 10 小时，以及变换工地前或机器长时间不工作时，应当清洗所有的液压缸并检查是否存在泄漏。

注意一定要用液压油清洗活塞杆，千万不可使用水喷、蒸汽、碱性清洗液（含苏打）、研磨材料或者坚硬的工具擦洗，以免造成不必要的损伤。

液压缸长时间放置时应当进行特别的保养：

（1）每 250 个工作小时或每个月润滑所有的液压缸销孔。

（2）用液压油擦洗伸出的活塞杆部分，每周一到两次，或者往复运动活塞杆几次。

（3）当液压缸活塞杆长时间伸出在外时，应当在其表面涂抹抗腐蚀的油脂。

如果在安装、拆卸钻机过程中，液压缸出现严重泄漏，一定要有辅助起重机来保证设备及拆卸过程中的安全。不加以防范这种情况，将会导致设备严重损坏并有可能造成人身伤亡事故。

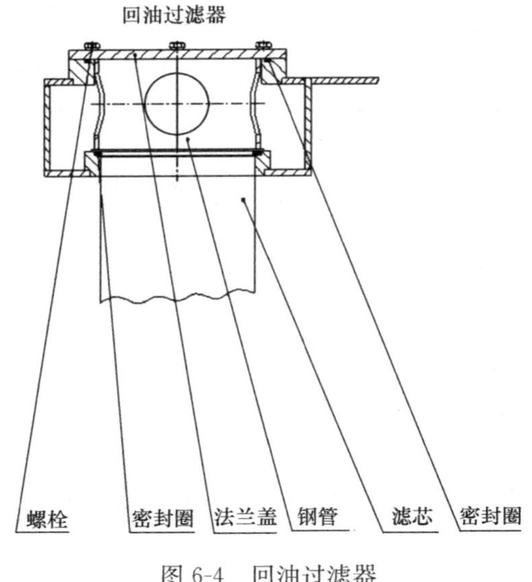

图 6-4 回油过滤器

（三）液压油箱的保养

1. 回油过滤器（图 6-4）

（1）旋下空气过滤器盖，使油箱卸压。

（2）旋下安装螺栓，取下带出磁棒。

（3）用干净的棉布擦拭或用干净的煤油清洗磁棒。

（4）拆下回油过滤器盖，取出钢管，小心地向上提出滤芯。

（5）用干净的煤油和压力<0.2MPa 的压缩空气清洗滤芯的内外表面，并检查旁通过滤器是否完好。

（6）检查 O 形圈是否完好，重新安装滤芯。

回油滤芯如发现破损或污染严重，无法清洗干净，应立即更换，重新安装时应注意不要擦伤 O 形圈。

2. 液压油箱放水排污

更换液压油的时候，应把集水罐拆下来彻底清洗。同时，应用干净煤油清洗液压油箱内部。

（四）卷扬减速机的保养（图 6-5）

1. 请严格按照厂家规定的时间间隔更换齿轮油

2. 更换齿轮油前，按照正确的停机方法停机。

3. 每周或长时间闲置投入使用前，检查主、副卷扬减速机的油位。

4. 加入新齿轮油后，应检查齿轮油是否达到规定位置。

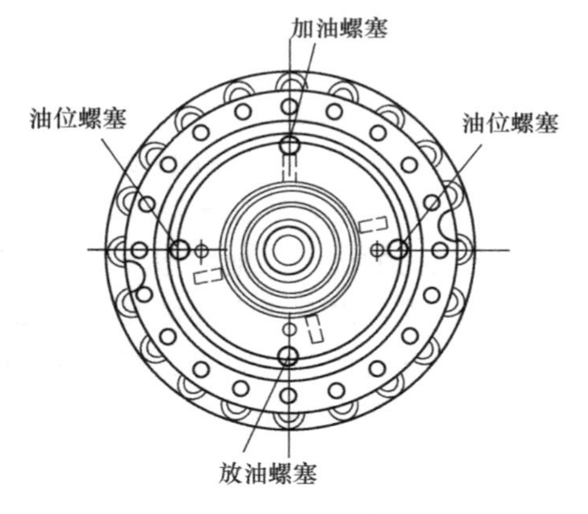

图 6-5 卷扬减速机的保养

（五）回转减速机的保养（图 6-6）

1. 请严格按照厂家规定的时间间隔更换齿轮油。

2. 更换齿轮油前，按照正确的停机方法停机。

3. 每周或长时间闲置投入使用前，检查回转减速机的油位。

4. 加入新齿轮油后，应检查齿轮油是否达到规定位置。

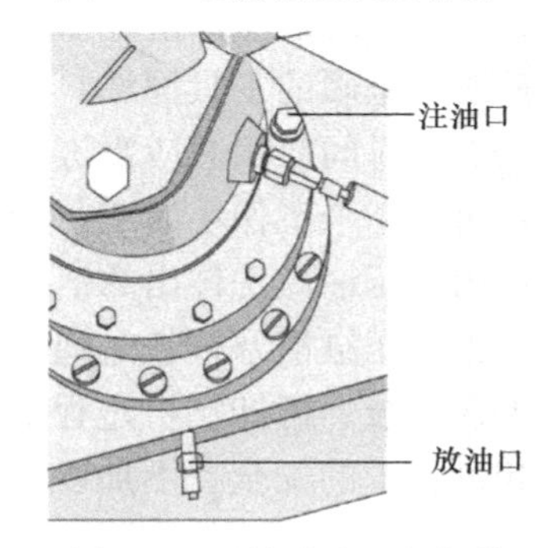

图 6-6 回转减速机的保养

（六）行走减速机（图 6-7）

1. 请严格按照厂家规定的时间间隔更换齿轮油。

2. 上部平台旋转 90°，用作业装置把一侧履带撑离地面。

3. 每周或长时间闲置投入使用前，检查行走减速机的油位。

4. 加入新齿轮油后，应检查齿轮油是否达到规定位置。

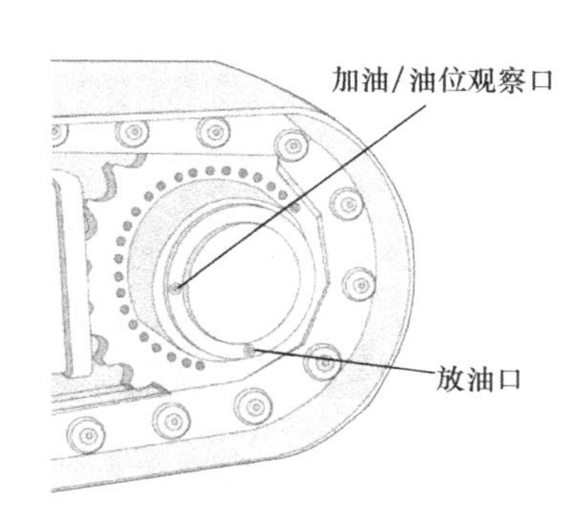

图 6-7　行走减速机的保养

四、钢丝绳的维护

正常的维护保养会相应延长钢丝绳的使用寿命。

（一）钢丝绳的润滑

新钢丝绳涂润滑油脂除了起到防腐蚀的作用还能起到减少摩擦和提高抗疲劳性的作用。

使用过程中，受到张力或经卷筒和滑轮等弯曲部分的钢丝绳，油脂会逐步减少。一般新钢丝绳通常含油脂 12%～15%，使用后仍含 8%～12%，在报废时损坏最大部位仅含 2%～3%，但是在同一条钢丝绳中没有经过滑轮的绳端含油量仍达 12%～14%，如果在使用过程定期表面涂油（外部涂油会向绳芯中渗透）如图 6-8 所示，使钢丝绳中始终保持一定的含油率将会延长使用寿命。

由于钢丝绳涂敷润滑油脂不同，疲劳性能相差 1～2 倍，甚至更多。

依据上述结果，保持钢丝绳良好的润滑状态，对钢丝绳安全使用是必须的。

图 6-8　钢丝绳的润滑

（二）钢丝绳的清理

钢丝绳外表非常脏时一定要不时地清理。

尤其是在钢丝绳上存在化学反应物质及强研磨性工作条件时，钢丝绳的清理就显得尤为重要。

（三）剔除破损钢丝绳

钢丝绳在使用一段时间后会因各种原因出现断丝，当钢丝绳出现断丝仍需进行使用时，应将断丝及时处理。为节约时间，避免麻烦，可以用钢丝钳夹住断丝头部，前后反复弯折至钢丝断掉。经过这样处理，钢丝断头将被夹紧在股绳之间，不会对钢丝绳使用造成危害。如图 6-9 所示。

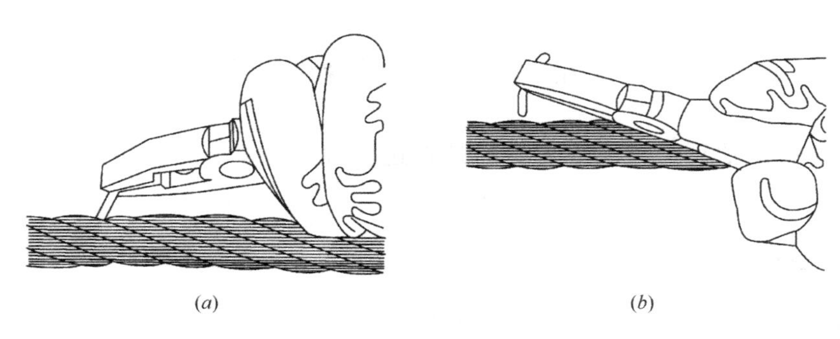

图 6-9　剔除破损钢丝绳

注意，在任何情况下都不要用钢丝绳钳剪断断丝头!

（四）钢丝绳的检查

1. 每天必须检查钢丝绳及其绳头的潜在损伤和变形，尤其是那些与钢丝绳接触的相关设备。

2. 为了操作安全，钢丝绳必须由有经验的专家定期检验。

3. 经常检测，及时发现潜在的损伤。安装完毕后的第一个星期和首次发现断丝后的检测时间间隔要比平时短。

4. 在磨损或应力超常以及有所怀疑，但又看不见损伤的情况下，更要经常检查。

5. 经过长时间休息（3 个月以上），每次设备首次投入到新工地施工、与钢丝绳传动有关的装置出现故障或是损伤后，都必须检查钢丝绳。

6. 当检查钢丝绳时，特别注意那些经常与滑轮接触的部位，以及靠近锚节点、安装点的地方。常规检查有助于及早发现潜在的断丝位置。

7. 使用带有塑料衬套的塑料或金属滑轮的地方，其检查时间间隔要短。

8. 特别注意那些没有润滑或润滑条件极差的部件。

9. 滑轮、卷筒、背轮也必须检查，至少每年一次或新绳安装后检查。

10. 检查结果都应记录在案，使得保持在规定的时间间隔内有一个完整的检查执行记录。

（五）钢丝绳的更换标准

钢丝绳的更换是根据 ISO 4309 标准定义的，决定其安全操作的标准如下：

（1）断丝的类型及数量。

（2）钢丝绳末端断丝。

（3）断丝位置。

（4）断丝时间间隔。

（5）断股。

（6）绳径的减小（缩径）。

（7）绳弹性降低。

（8）内、外层磨损。

（9）内、外层腐蚀。

（10）钢丝绳变形。

（11）热量引起的变形。

一定时间内绳子的伸长率，根据以上的标准，要有掌握该项技术的专业人员对钢丝绳的使用做出判断。

大多数钢丝绳的缺陷都是以上几种因素的结果。

有必要检查钢丝绳的缺陷是否由有缺陷的装置导致的。如果是这种情况的话，安装新绳之前修复此装置。

1. 断丝的类型与数量

（1）6 股和 8 股的钢丝绳断丝大多数发生在表面。

（2）多股钢丝绳断丝大多数发生在绳内部，因此难以发现。

（3）抗回转钢丝绳的更换标准也是按照钢丝绳的结构、安装日期、应用种类等所决定的。

2. 钢丝绳末端断丝

（1）末端断丝是由于高应力及不正确安装导致的结果。

（2）如果钢丝绳已使用很长时间，则其末端应截断更换。

3. 断丝位置

（1）如若发生钢丝绳成簇断丝现象，钢丝绳要摒弃。

（2）在发生断簇的长度小于钢丝绳 6 倍直径或者断簇在同一股上出现的情况下，即使断丝数少于表 6-2、表 6-3 所列数目，也应当摒弃该绳。

因断丝钢丝绳磨损更换条件　　　**表 6-2**

承担载荷的外层股钢丝绳数量①	磨损更换之际可见断丝数							
	驱动设备列别 M1，M2，M3，M4				驱动设备列别 M5，M6，M7，M8			
	交叉捻向		长捻向		交叉捻向		长捻向	
	长度范围		长度范围		长度范围		长度范围	
N②	6d	30d	6d	30d	6d	30d	6d	30d
50	2	4	1	2	4	8	2	4
51～75	3	6	2	3	6	12	3	6
76～100	4	8	2	4	8	16	4	8
101～120	5	10	2	5	10	19	5	10
121～140	6	11	3	6	11	22	6	11
141～160	6	13	3	6	13	26	6	13
161～180	7	14	4	7	14	29	7	14
181～200	8	16	4	8	16	32	8	16
201～220	9	18	4	9	18	35	9	18
221～240	10	19	5	10	19	38	10	19
241～260	10	21	5	10	21	42	10	21
261～280	11	22	6	11	22	45	11	22
281～300	12	24	6	12	24	48	12	24
大于 300	0.04×n	0.08×n	0.02×n	0.04×n	0.08×n	0.16×n	0.04×n	0.08×n

注：其中 d——钢丝绳直径；

M——主起升机构工作级别；

n——钢丝绳捻距。

① 填充钢丝不作为承担载荷钢丝具有多层股的钢丝绳只有最外层股才能被认为是“外层股”。带有加强钢芯的钢丝绳，其钢芯也作为内股处理。

② 数值应自行计算得出：

对于外层股外层钢丝非常密的钢丝绳结构，如：与 DIN 3058 相对应的 6×19 芯及与 DIN 3062 相对应的 8×19 芯圆股钢丝绳，其磨损更换时的假定可见断丝束为 2 线，比上述表格所给值偏低。

滑轮上抗扭转钢丝绳可见断丝数 **表 6-3**

可见断丝数			
驱动设备类型 M1，M2，M3，M4		驱动设备类型 M5，M6，M7，M8	
长度范围		长度范围	
$6d$	$30d$	$6d$	$30d$
2	4	4	8

4. 断丝间隔

一般来说，发生断丝需要一定的时间，但有时会增加很快。一旦发生断丝，应仔细彻底检查钢丝绳，以便观察断丝的发展并根据状况决定何时换绳。

5. 断股

发现钢丝绳整股断丝时，应该立即摒弃。

6. 因绳芯改变而缩径

（1）绳芯改变引起钢丝绳缩径有多种原因：

1）内部磨损及凹口。

2）有摩擦和拐折引起的内部磨损。

3）芯部纤维结构的蜕变。

4）钢芯的毁坏。

5）多层结构钢丝绳内层的损坏。

（2）因以上原因，若抗回转钢丝绳减少其正常直径的 3%，就应摒弃，其他结构的钢丝绳，若其直径减少 10%也应换绳。

即使没有见到断丝，钢丝绳也应摒弃。

7. 弹性降低

（1）钢丝绳弹性降低不易发觉，应当由有经验的专业技术人员决定。

（2）为安全起见，由以下几种情况引起钢丝绳弹性降低，就应摒弃。

1）钢丝绳缩径。

2）钢丝绳拉长。

3）由于压缩引起的丝与股之间间隙变小。

4）两股之间出现细的、棕色粉末。

5）尽管没有发现钢丝损坏，但钢丝绳却明显变硬，钢丝绳的直径比预期的正常磨损小得多。

8. 内、外层磨损

（1）磨损的原因有：在压力作用下绳与绳股的接触、绳的弯曲、在滑轮中的运动以及在地面上的拖动。

（2）缺乏润滑、无润滑以及脏或有纹理、大的沙粒都会加剧磨损。

（3）钢丝绳因磨损缩径会导致其额定提升能力降低。

（4）钢丝绳因外径磨损导致缩径 7%，即使没有发现断丝，也应摒弃。

9. 内、外层腐蚀

（1）在侵蚀性环境条件操作加剧腐蚀。

（2）腐蚀引起金属外形减小，降低钢丝绳破断拉力。

（3）腐蚀也会导致钢丝绳表面不平，当加载时有可能引起断裂。

1）外层腐蚀

外层腐蚀可以从外表观测检查。

2）内层腐蚀

内层腐蚀检查很难，可根据绳的如下特征可以得出是否腐蚀。

钢丝绳直径的变化：碾过滑轮处的钢丝绳直径有可能减小。

铁锈附在惰性钢丝绳上，有可能导致其绳径变粗。

外层钢丝绳股与股的间隙变小，很可能与绳股断丝有关。

3）在怀疑内部腐蚀的情况下，应由有经验的技术人员检查。如果得到证实，钢丝绳一定要摒弃或更换。

10. 钢丝绳变形

由于过度拉紧或损坏而引起钢丝绳结构改变的变形，可以从外表观察得到。根据它们的外表形状不同，各种变形分类见表 6-4。

钢丝绳变形分类表　　　　**表 6-4**

变形类型	描述	图片描述
波浪形	钢丝绳的纵向轴线成螺旋线形状。这种变形不一定导致任何强度上的损失，但如果变形严重即会产生跳动造成不规则的传动，时间长了会引起磨损及断丝	
笼状	钢丝绳受力拉伸及外股绳被迫改变它们在绳上的位置时，就会产生笼状变形。当松弛的绳子突然受拉时，外层股受力而内层股仍然保持静止，也会产生此变形。发生此变形现象的绳子一定要摒弃	
绳股突露	扭转不平衡可能导致绳股从绳子结构中突出。发生此现象的钢丝绳应当立即摒弃	
钢丝突露	振动载荷有可能导致单个或一组钢丝从绳子结构中突出并形成连环节。如果明显发现钢丝绳表面有钢丝突露现象，应当摒弃	
绳径变粗	当芯部扭曲外层钢丝绳因此受力而从原位向外突出时，就会使绳径变粗，发现钢丝绳外径明显变粗时应当摒弃	

续表

变形类型	描述	图片描述
绳径变细	当钢丝绳芯部断裂时，外层股就会滑入此断裂处，引起缩径。 特别注意死绳头附近的钢丝绳。 发现钢丝绳明显缩径时应当摒弃	
扁平状	当钢丝绳受到一定的挤压时，就会变为扁平状，这种变形会加剧断丝。当钢丝绳在卷筒上缠绕不正确时也会引起这种现象。压扁情形严重的钢丝绳应当摒弃	
扭结	钢丝绳的圈结受力被拉直时，就会形成扭结。具有扭结的钢丝绳应当摒弃	
折痕	折痕通常受外力影响而产生	

11. 加热引起的变形

当钢丝绳暴露在温度超过 300℃环境条件下，其抗拉强度就会明显降低。无光泽的钢丝绳表明其过度受热。

12. 使用寿命

具有足够钢丝绳使用经验的雇员可以决定何时更换钢丝绳。

（六）钢丝绳结构强度的检查

在不用力的情况下，将螺丝刀插入钢丝绳两外层股之间，用以检查钢丝绳的结构强度。

如果钢丝绳不抵抗，甚至螺丝刀能够从两股之间的缝隙通过的话，则钢丝绳结构就是太松了。

外层钢丝绳股的结构强度也可用同样的方法检查。

（七）钢丝绳末端接头的检查

钢丝绳接头必须定期检查。若发现问题，必须及时切除（剪短）并重新加工制作：

定期检查绳端、吊点孔、接头夹套等，保证钢丝绳牢固、可靠，确保安全。

检查钢丝绳末端是否腐蚀，接头夹套附近的钢丝绳是否断丝、脱落、腐蚀。

（八）钢丝绳导向滑轮

在安装新的钢丝绳前，须检查滑轮，然后每 250 个工作小时数或每月定期检查一次。

每 250 个工作小时，轴承加润滑脂润滑。

检查滑轮是否转动灵活，若不灵活或卡住将引起工作不正常以及钢丝绳磨损太快。

检查滑轮中心销轴。

检查滑轮槽是否与绳径相匹配，如果滑轮槽太大或变形，应当更换。

检查滑轮槽是否光滑，若有毛边，要进行修理或调换新的滑轮。

检查滑轮是否刮、擦钢丝绳滚轮。

滑轮过度磨损，须更换。

五、提引器的维护

提引器允许承受拉力载荷，同时具备自由旋转功能，消除了钢丝绳产生的扭曲力。

每10个工作小时或每天，要给钢丝绳回转接头加注润滑脂并检查其工作情况。

凯式钻杆上使用的回转接头更应当按时完成其规范要求。

1. 如图6-10所示打入润滑脂，直到润滑脂从壳体的连接处溢出。

2. 检查回转接头无载荷时能否自由旋转，如：用手转动接头。

3. 若打润滑脂后接头仍然不能自由回转，则应修理或更换。

4. 为了安全起见，调换的零部件及新的接头最好选用原规格。

5. 加润滑脂时，同时检查接头的上、下销轴是否正确安装（上部与钢丝绳连接，下部与钻杆连接）。

如果配合间隙过大，或者销轴、螺栓等损坏时，必须更换。

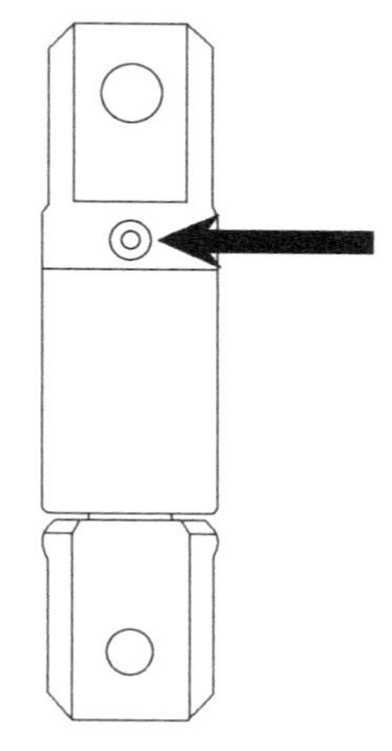

图6-10　提引器的维护

六、动力头

（一）日常维护

1. 每天完成工作后都必须用水清洗动力头，可以使用有一定压力的水清洗；否则灰尘、泥浆等杂物将会堆积在动力头上，越积越多，难以清除，泥浆将会随着动力头的旋转向动力箱内渗透，从而影响动力头的使用寿命。

2. 检查动力头总成外观是否损伤，螺栓和销轴是否松脱。

（二）检查动力箱油面

1. 检查前钻桅处于竖直状态。

2. 动力箱上配有油位观察窗口，装有油标。便于时常观察动力箱内的油位。

3. 每天必须检查动力箱内的油位。

4. 动力箱内的油面需始终处于油标中间偏上位置。

5. 动力箱内的油变混浊或者进水时，一定要立即更换：注油前一定要用干净的新油仔细地反复冲洗！

（三）动力箱换油

1. 按照生产厂家要求时间定期对动力箱换油

2. 齿轮油牌号应为厂家推荐的润滑油。如果更换新牌号的齿轮油，必须对两种油进行兼容性试验。

3. 在动力头工作后并保持一定温度时换油最好。如果换油时室外的温度较低，建议在注油前先加热（50℃）一定数量的新油冲洗动力头，以便冲洗掉遗留在动力头内的杂质和矿物质。

4. 如果动力头的工作温度超过100℃，排出的润滑油颜色将发暗或变黑，加剧了润滑油的磨损，并使其失去了润滑功能。在这种情况下，换油的时间间隔应当相应地缩短。

5. 检查油的杂质和矿物质（研磨剂），换油时最大许可剩油量为总油量的 0.15%。

6. 润滑油中的物质颗粒最大不应超过 5μm，如果超过的话，无论数量多少，一定要将动力头移走并仔细剖析检查。

7. 可以使用苯或冲洗油冲洗动力头，但绝对不能使用汽油、石油、柴油冲洗。

8. 动力头内的冲洗油完全排除干净后，才能注入新油。

（四）动力头减速机换油（图 6-11）

每日工作前观察减速机油位计，当减速机油位计显示无油或油杯下油标显示无油时，请及时为减速机加注润滑油。

（五）检查驱动套键板（图 6-12）

每 50 个工作小时或每周检查一次驱动套牙板磨损。如果磨损严重，则需要更换驱动键板。

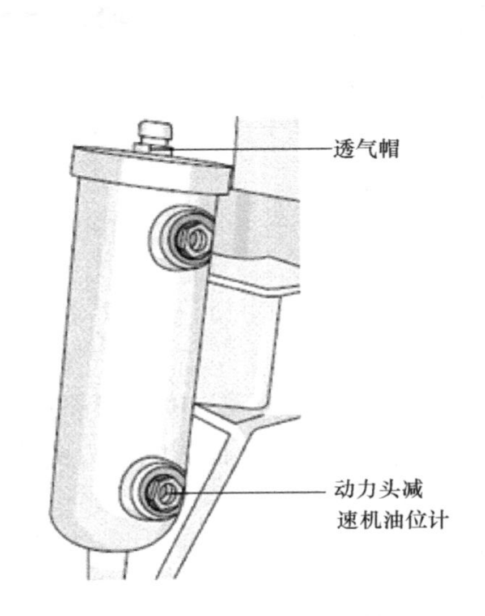

图 6-11　动力头减速机换油

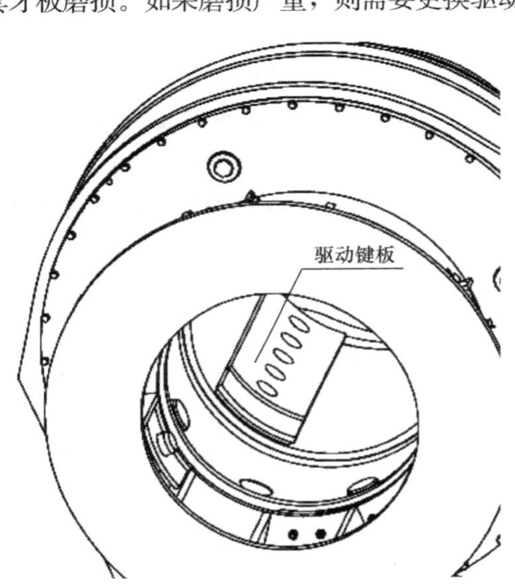

图 6-12　检查驱动套键板

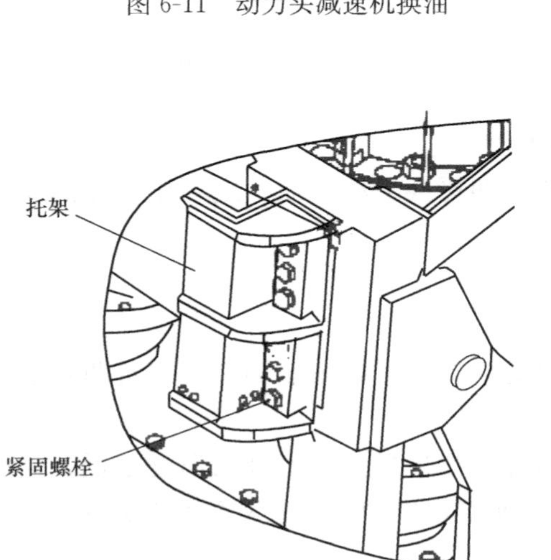

图 6-13　检查驱动套键板

（六）检查滑块支架内尼龙滑块（图 6-13）

每 50 个工作小时或每周检查一次尼龙滑块磨损。

1. 检查滑块支架内的 3 个尼龙滑块。

2. 当滑块突出结构件表面小于 3mm 时，必须更换。

七、行走机构的保养

日常检查的内容有：

（1）托链轮、支重轮、引导轮有无泄漏。

（2）托链轮、支重轮、引导轮的滚动表面、履带板和驱动链轮的磨损程度。

（3）连接螺栓是否松动。

（4）在开阔地缓慢开动，倾听有无不正常噪声。如发现不良情况应及时修理。

（一）检查履带的松紧程度

履带过松或过紧都会缩短履带和驱动零件的使用寿命，因此有必要经常检查履带的下垂量。如图 6-14 所示。

（1）在引导轮和托轮之间放一根足够长的直尺；

（2）测量从履带板到直尺下缘的最大尺寸；

（3）合适的下垂量为 8～10mm（在黏土中作业，履带应松一些）。

（二）张紧或放松履带（图 6-15）

1. 张紧履带（图 6-16）

如履带过松，应通过履带支架侧面的保养孔用黄油枪向张紧油缸注入油脂张紧履带。注意：不要张得太紧。

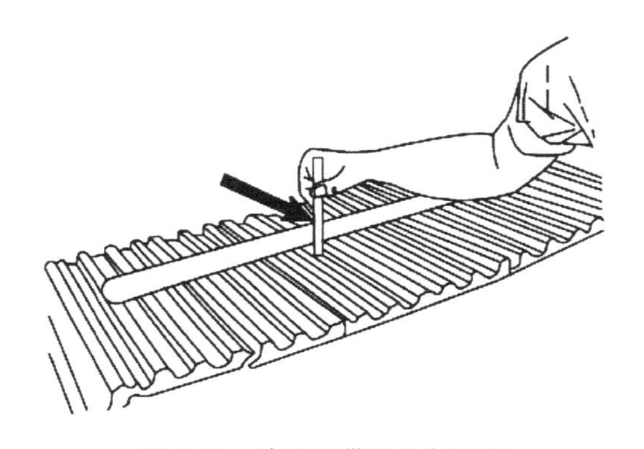

图 6-14　检查履带的松紧程度

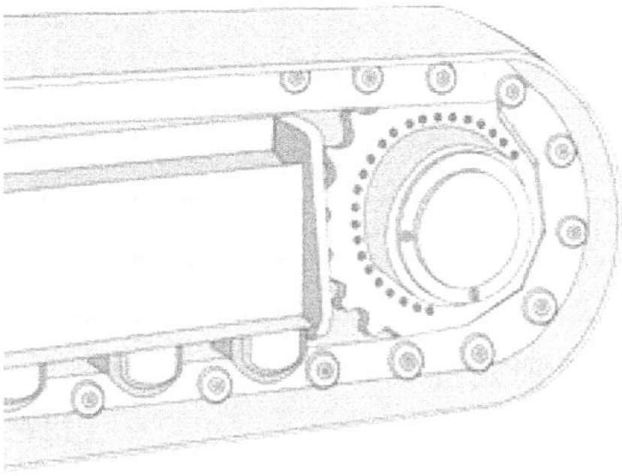

图 6-15　张紧或放松履带

2. 放松履带（图 6-17）

缓慢旋松加油阀直到有油脂溢出。如油脂溢出太慢，可把平台旋转 90°用作业装置撑起履带，让履带空转几圈，然后旋紧加油阀。

切不可向保养孔中张望，避免高压油脂喷出伤人，加油阀不可旋得太松，以免零件飞出伤人（图 6-17）。

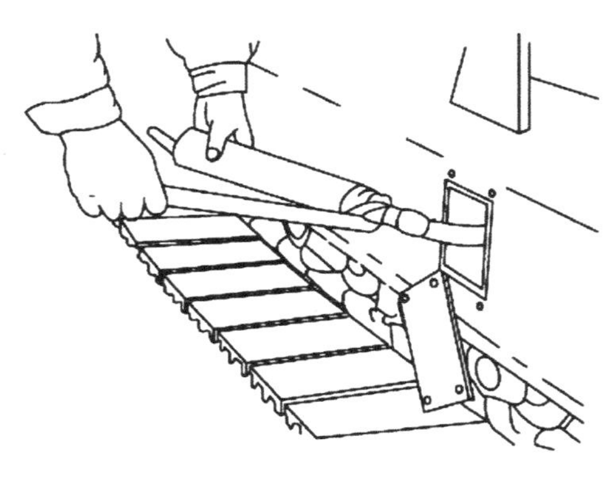

图 6-16　张紧履带

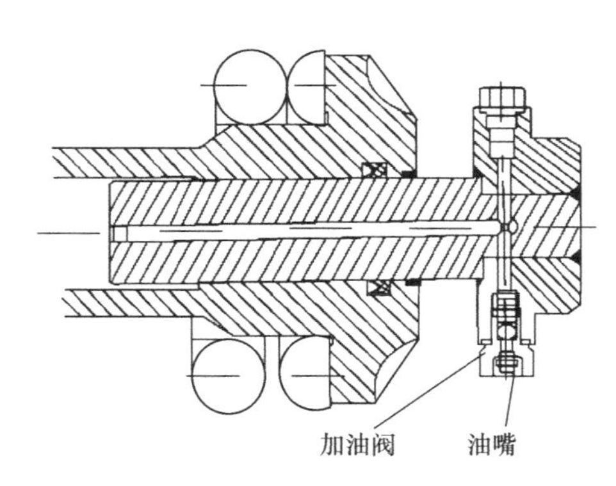

图 6-17　放松履带

八、钻杆钻具的维护与保养

（一）钻杆的检查和保养

定期正确的保养将防止钻杆过早磨损，延长钻杆的使用寿命，提高工作效率。

定期正确的检查保养将在钻杆损坏初期发现问题，因此将大幅减少钻杆的故障率和后期的维修工作量。

在进行检查和保养的过程时，应选择开阔平整的场地进行，并准备好足够的枕木。钻杆拆开和安装时，应放慢速度，使每一节钻杆都处在同一直线上。上下左右的大幅度摆动，将导致钻杆弯曲，内牙段产生裂纹，甚至产生断裂。

保养周期根据钻杆的种类、工作时间、地层状况的不同，按照表 6-5、表 6-6 进行保养。

1. 摩阻式（表 6-5）

摩阻式钻杆保养周期 **表 6-5**

单位：工作小时

工况 / 间隔	较好（软土层）	一般（沙层砾石层）	恶劣（卵石层）
第一次使用	100	80	50
正常使用	500	300	200

2. 机锁式（表 6-6）

机锁式钻杆保养周期 **表 6-6**

单位：工作小时

工况 / 间隔	较好（软土层）	一般（沙层砾石层）	恶劣（卵石层）
第一次使用	80	60	40
正常使用	300	200	150

在使用过程中，如果发现以下现象时，应及时将钻杆放下，拆开后检查并维修。

（1）钻杆不能自由伸缩，有爬杆、卡杆现象。

（2）不能正常加压，出现打滑现象。

（3）吊耳变形。

（4）钻杆发现裂纹。

（5）其他异常情况。

（二）检查与保养内容

为了正确地保养和检查钻杆，应拔出每节钻杆彻底检查（表 6-7）。

保养和检查钻杆 **表 6-7**

序号	部件	描述	示图
1	管子	管挤压变形	切断该管，更换一个新节。需由专业人员进行作业

续表

序号	部件	描述	示图
2	内外键	内外键卷边	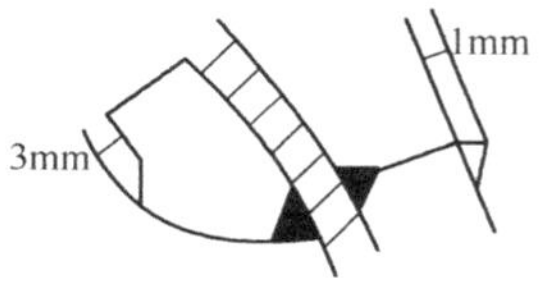 最大突出量为 1～3mm。突出部分应及时磨平
3	内外键	内外键磨损	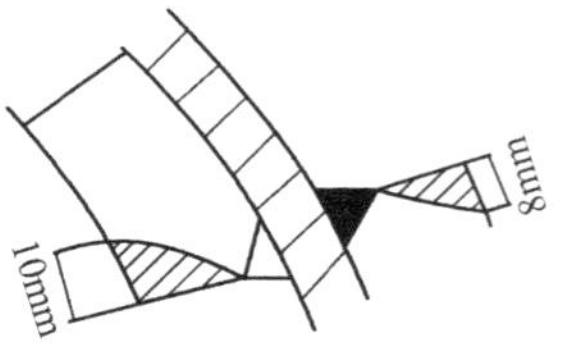 最大磨损量：外键 8mm，内键 10mm。磨损时，用耐磨焊条堆焊，磨平。严重磨损时，应更换该键
4	加压键	加压键磨损	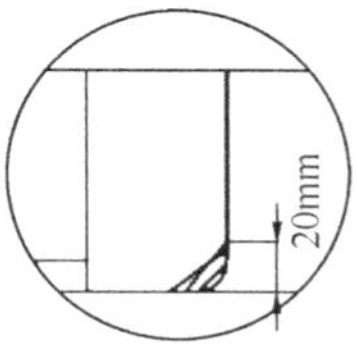 最大磨损量：20mm。磨损时，用耐磨焊条堆焊，磨平。严重磨损时，应更换该件
5	支架法兰	变形、裂纹	焊接或更换
6	防爬杆法兰	变形、螺钉松动或断裂	更换或拧紧
7	弹簧	损坏	更换
8	弹簧座	磨损	修复
9	螺栓	损坏	更换
10	上减振垫	损坏	更换
11	弹簧销	损坏	更换
12	销轴	损坏	更换
13	钻杆接头	变形、裂纹	修复或更换
14	钻杆方头	变形、裂纹	修复或更换

（三）修理中的注意事项（表 6-8）

修理中的注意事项　　　　表 6-8

序号	注意事项	示　图
1	法兰从钻杆上断裂 焊接管与法兰，直至焊透并且焊缝半径为 5mm 为止	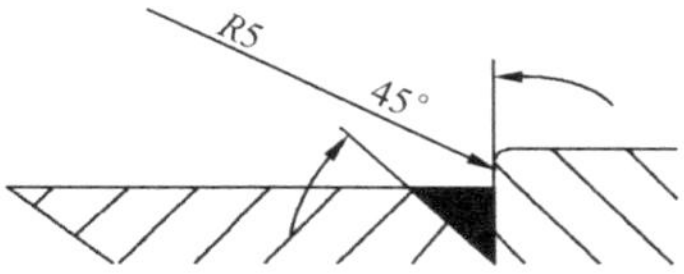

续表

序号	注意事项	示图
2	键接合处有裂纹 用角磨机在裂纹处磨出图示焊口，焊接后磨平（禁止用火焰直接在钻杆上切割以免损坏钻杆）	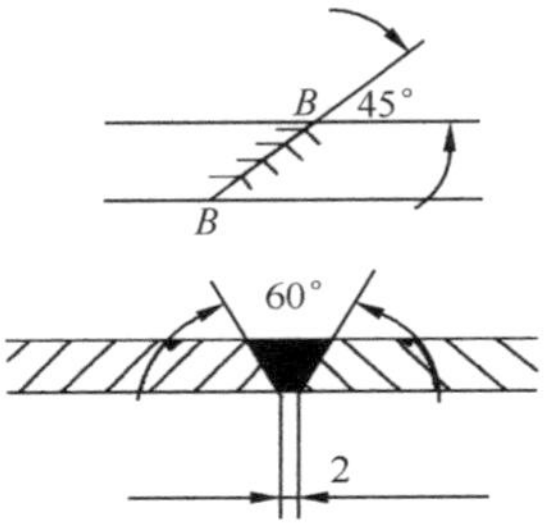 B 45° B 60° 2
3	不要将键的焊接接口都放在同一平面，要使它们保持约100mm间距	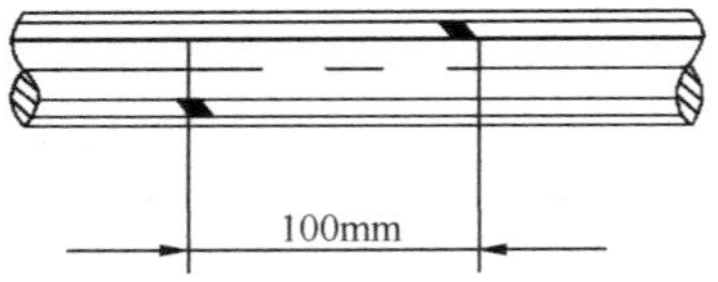 100mm
4	键的总长一般要长于1500mm	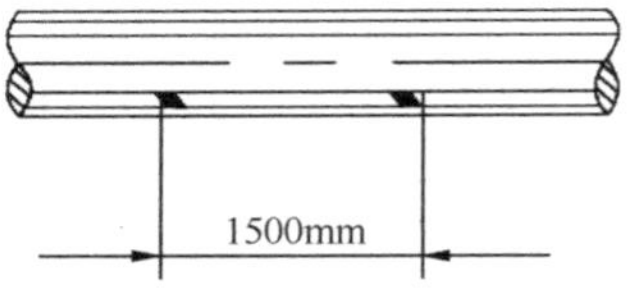 1500mm
5	钻杆接口处的裂纹 用角磨机在裂纹处磨出图示焊口，焊接后磨平（禁止用火焰直接在钻杆上切割以免损坏钻杆）	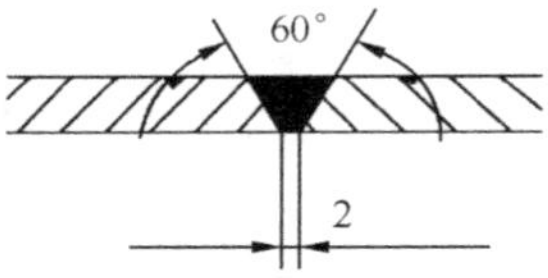 60° 2
6	避免使用短于200mm管材组装钻杆	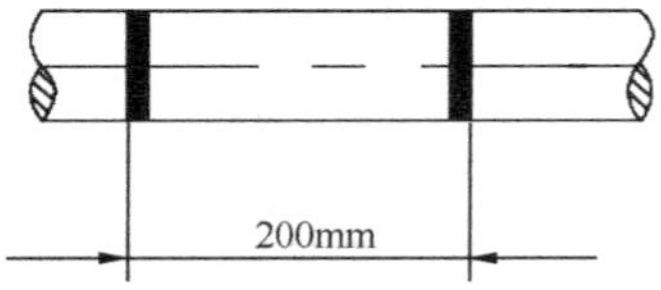 200mm
7	避免管接口接近加压面	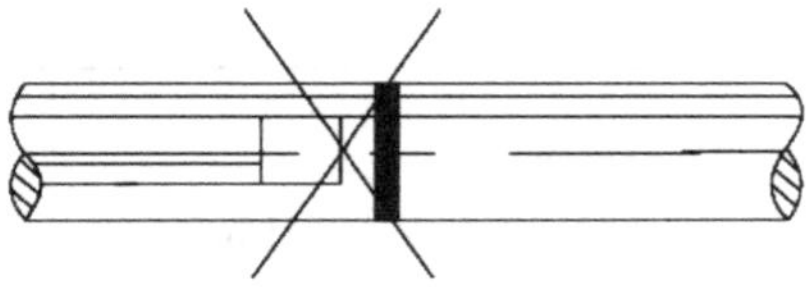

九、发动机的保养简介

（一）冷却系统保养

1. 清理防虫网、油散热器和水箱的方法

如图 6-18 所示，尘土或杂物严重的场合，防虫网的表面应每天清理，应用软的毛刷或压力≤0.2MPa 的清水或压缩空气进行清洗。

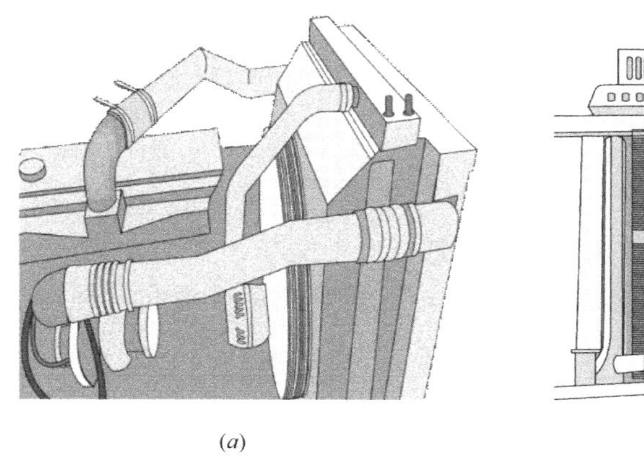

(*a*)

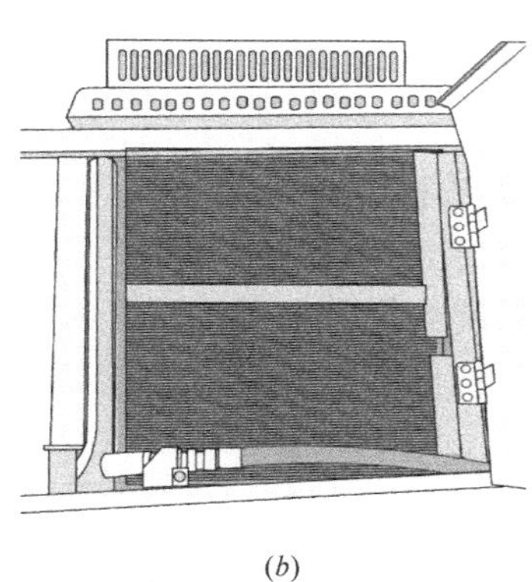

(*b*)

图 6-18　冷却系统保养

2. 注意事项：

（1）防虫网损坏应及时更换，防止油散热器和水箱使用寿命缩短。

（2）操作人员应按安全规程穿戴防护用品并招呼别人让开，尤其要保护好眼睛和口鼻。

（二）燃油系统保养

1. 定期将油水分离器排水和更换燃油滤滤芯（图 6-19）

（1）排水方法：

1）旋松油水分离器的放水螺塞，并用手旋几圈，积水就从分离器底部流出；

2）水放完后，立即旋紧放水螺塞；

（2）更换燃油滤滤芯。

（3）注意事项：

1）油水分离器是为方便客户保养增设的。如果每天排出的水较多，则油水分离器的放水周期缩短；

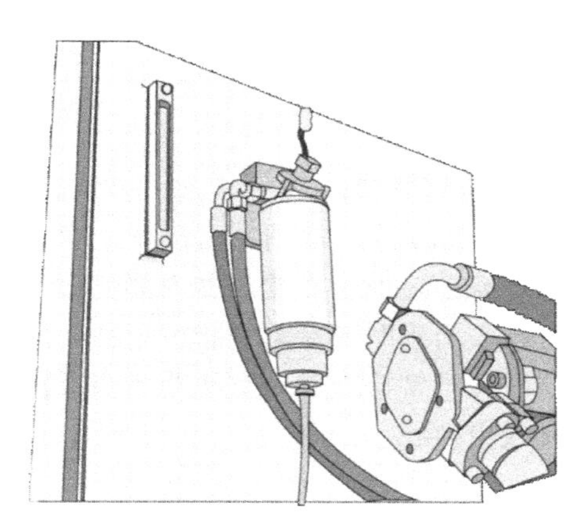

图 6-19

2）必须按照要求保养油水分离器和更换燃油滤滤芯，按规定注油和排气，避免发动机硬起动；

2. 燃油箱排污（图 6-20）

（1）方法：

1）打开球阀，让水放出；

2）水放出后，重新关闭球阀。

（2）注意事项：

如果尘渣较多，堵住放水孔，按下述方法操作：

1）拆下油水分离器上的进油管，把油箱中的油放出；

2）拆下油箱的清洗孔盖板进行清洗；

3）重新安装清洗孔盖板（注意不要损坏密封件）；

4）安装进油管。

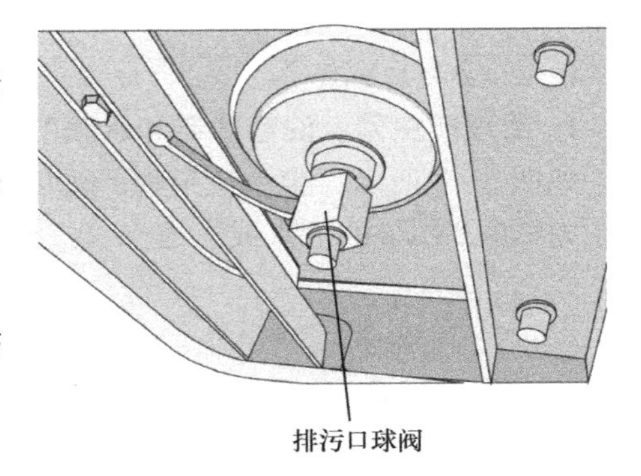

图 6-20　燃油箱排污

（三）进气系统保养（图 6-21）

1. 进气系统的保养主要有两个内容：一是每天检查进气管路是否完好，安装抱箍是否松动；二是按规定排污和清理空气滤清器的滤芯。

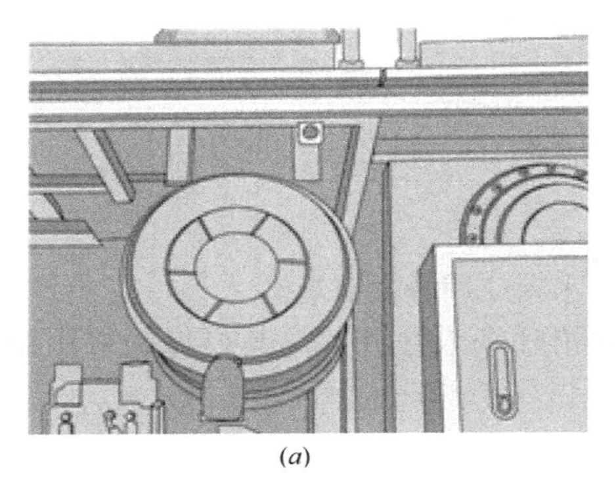

(*a*)

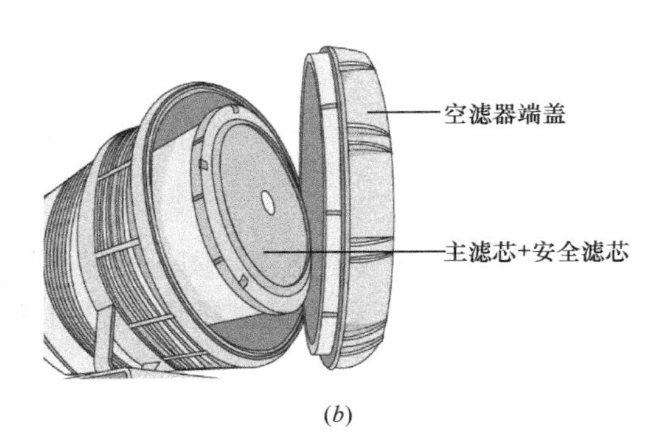

(*b*)

图 6-21　进气系统保养

2. 注意事项：

（1）如果发现滤清器有破损，应立即更换，更换时应把Ⅰ、Ⅱ级滤芯全部换掉。在拆下Ⅱ级滤芯之前应将滤清器内部清扫干净；

（2）清理时要穿戴好防护用品，保护好口鼻和眼睛；

（3）日常检查发现空滤器堵塞报警器的指示颜色由绿变红或箭头指示 6.2 时，应立即清理或更换滤芯。

附录一　施工现场常见标志与标示

住房和城乡建设部发布行业标准《建筑工程现场标志设置技术规程》JGJ 348—2014，自 2015 年 5 月日起实施。其中，第 3.0.2 条为强制性条文，必须严格执行。

施工现场安全标志的类型、数量应根据危险部位的性质。分别设置不同的安全标志。建筑工程施工现场的下列危险部位和场所应设置安全标志：

（1）通道口、楼梯口、电梯口和孔洞口。

（2）基坑和基槽外围、管沟和水池边沿。

（3）高差超过 1.5m 的临边部位。

（4）爆破、起重、拆除和其他各种危险作业场所。

（5）爆破物、易燃物、危险气体、危险液体和其他有毒有害危险品存放处。

（6）临时用电设施和施工现场其他可能导致人身伤害的危险部位或场所。

根据现行《建筑工程安全生产管理条例》的规定，施工单位应当在施工现场入口处、施工起重机械、临时用电设施、脚手架、出入通道口、楼梯口、电梯井口、孔洞口、桥梁口、隧道口、基坑边缘、爆破物及有害危险气体和液体存放处等危险部位，设置明显的安全警示标志。

施工现场内的安全设施、设备、标志等，任何人不得擅自移动、拆除。因施工需要必须移动或拆除时，必须要经项目经理同意后并办理相关手续，方可实施。

安全标志是指在操作人中容易产生错误，易造成事故的场所，为了确保安全，所设置的一种标示。此标示由安全色、几何图形复合构成，是用以表达特定安全信息的特殊标示，设置安全标志的目的，是为了引起人们对不安全因素的注意，预防事故发生。安全标志包括：

（1）禁止标志：是不准或制止人们的某种行为（图形为黑色，禁止符号与文字底色为红色）。

（2）警告标志：是使人们注意可能发生的危险（图形警告符号及字体为黑色，图形底色为黄色）。

（3）指令标志：是告诉人们必须遵行的意思（图形为白色，指令标志底色均为蓝色）。

（4）提示标志：是向人们提示目标和方向。

安全色是表达安全信息的颜色，表示禁止、警告、指令、提示等意义，其作用在于使人能迅速发现或分辨安全标志，提醒人员注意，预防事故发生。安全色包括：

（1）红色：表示禁止、停止、消防和危险的意思。

（2）黄色：表示注意、警告的意思。

（3）蓝色：表示指令、必须遵守的规定。

（4）绿色：表示通行、安全和提供信息的意思。

专用标志是结合建筑工程施工现场特点，总结施工现场标志设置的共性所提炼的，专用标志的内容应简单、易懂、易识别；要让从事建筑工程施工的从业人员都准确无误地识别，所传达的信息独一无二，不能产生歧义。其设置的目的是引起人们对不安全因素的注意并规范施工现场标志的设置，达到施工现场安全文明。专用标志可分为名称标志、导向标志、制度类标志和标线 4 种类型。

多个安全标志在同一处设置时，应按禁止、警告、指令、提示类型的顺序、先左后右，先上后下地排列。出入施工现场遵守安全规定，认知标示，保障安全是实习阶段最应关注的事项。学员和教员均应注意学习施工现场安全管理规定、设备与自我防护知识、成品保护知识、临近作业和交叉作业安全规定等；尤其是要了解和认知施工现场安全常识、现场标志，遵守管理规定。

常见标准如下：

《安全色》GB 2893—2008；

《安全标志及其使用》GB 2894—2008；

《道路交通标志和标线》GB 5768—2009；

《消防安全标志》GB 13495—1992

《消防安全标志设置要求》GB 15630—1995

《消防应急照明和疏散指示标志》GB 17945—2010

《建筑工程施工现场标志设置技术规程》JGJ 348—2014

《建筑机械使用安全技术规程》JGJ 33—2012

《施工现场机械设备检查技术规程》JGJ 160—2008

根据现行《建设工程安全生产管理条例》的规定，施工单位应当在施工现场入口处、施工起重机械、临时用电设施、脚手架、出入通道口、楼梯口、电梯井口、孔洞口、桥梁口、隧道口、基坑边沿、爆破物及有害危险气体和液体存放处等危险部位，设置明显的安全警示标志。安全警示标志必须复合国家标准。本条重点指出了通道口、预留洞口、楼梯口、电梯井口、基坑边沿、爆破物存放处、有害危险气体和液体存放处应设置安全标志，目的是强化在上述区域安全标志的设置。在施工过程中，当危险部位缺乏相应安全信息的安全标志时，极易出现安全事故。为降低施工过程中安全事故发生的概率，要求必须设置明显的安全标志。危险部位安全标志设置的规定，保证了施工现场安全生产活动的正常进行，也为安全检查等活动正常开展提供了依据。

第一节 禁止类标志

施工现场禁止标志的名称、图形符号、设置范围和地点的规定见附表 1-1。

禁止标志 **附表 1-1**

名称	图形符号	设置范围和地点	名称	图形符号	设置范围和地点
禁止通行	禁止通行	封闭施工区域和有潜在危险的区域	禁止跨越	禁止跨越	施工沟槽等禁止跨越的场所

续表

名称	图形符号	设置范围和地点	名称	图形符号	设置范围和地点
禁止跳下	禁止跳下	脚手架等禁止跳下的场所	禁止吊物下通行	禁止吊物下通行	有吊物或吊装操作的场所
禁止乘人	禁止乘人	禁止乘人的货物提升设备	禁止转动	禁止转动	检修或专人操作的设备附近
禁止踩踏	禁止踩踏	禁止踩踏的现浇混凝土等区域	禁止触摸	禁止触摸	禁止触摸的设备货物体附近
禁止碰撞	禁止碰撞	易有燃气积聚，设备碰撞发生火花易发生危险的场所	禁止戴手套	禁止戴手套	戴手套易造成手部伤害的作业地点
禁止挂重物	禁止挂重物	挂重物易发生危险的场所	禁止停留	禁止停留	存在对人体有危害因素的作业场所
禁止入内	禁止入内	禁止非工作人员入内和易造成事故或对人员产生伤害的场所	禁止吸烟	禁止吸烟	禁止吸烟的木工加工场等场所

续表

名称	图形符号	设置范围和地点	名称	图形符号	设置范围和地点
禁止烟火	 禁止烟火	禁止烟火的油罐、木工加工场等场所	禁止启闭	 禁止启闭	禁止启闭的电气设备处
禁止放易燃物	 禁止放易燃物	禁止放易燃物的场所	禁止合闸	 禁止合闸	禁止电气设备及移动电源开关处
禁止用水灭火	 禁止用水灭火	禁止用水灭火的发电机、配电房等场所	禁止堆放	 禁止堆放	堆放物资影响安全的场所
禁止攀登	 禁止攀登	禁止攀登的桩机、变压器等危险场所	禁止挖掘	 禁止挖掘	地下设施等禁止挖掘的区域
禁止靠近	 禁止靠近	禁止靠近的变压器等危险区域			

第二节　警　告　标　志

施工现场警告标志的名称、图形符号、设置范围和地点的规定见附表 1-2。

警告标志　　附表 1-2

名称	图形符号	设置范围和地点	名称	图形符号	设置范围和地点
注意安全	注意安全	禁止标志中易造成人员伤害的场所	当心车辆	当心车辆	车、人混合行走的区域
当心火灾	当心火灾	易发生火灾的危险场所	当心触电	当心触电	有可能发生触电危险的场所
当心坠落	当心坠落	易放生坠落事故的作业场所	注意避雷	避雷装置 注意避雷	易发生雷电电击的区域
当心碰头	当心碰头	易碰头的施工区域	当心滑倒	当心滑倒	易滑倒场所
当心绊倒	当心绊倒	地面高低不平易绊倒的场所	当心坑洞	当心坑洞	有坑洞易造成伤害的场所
当心障碍物	当心障碍物	地面有障碍物并易造成人的伤害的场所	当心飞溅	当心飞溅	有飞溅物质的场所

续表

名称	图形符号	设置范围和地点	名称	图形符号	设置范围和地点
当心爆炸	当心爆炸	易发生爆炸危险的场所	当心塌方	当心塌方	有塌方危险的区域
当心坠落	当心跌落	建筑物边沿、基坑边沿等易跌落场所	当心冒顶	当心冒顶	有冒顶危险的作业场所
当心伤手	当心伤手	易造成手部伤害的场所	当心吊物	当心吊物	有吊物作业的场所
当心机械伤人	当心机械伤人	易发生机械卷人、轧伤、碾伤、剪切等机械伤害的作业场所	当心噪声	当心噪声	噪声较大易对人体造成伤害的场所
当心扎脚	当心扎脚	易造成足部伤害的场所	注意通风	注意通风	通风不良的有限空间
当心落物	当心落物	易发生落物危险的区域	当心自动启动	当心自动启动	配有自动启动装置的设备处

第三节　指　令　标　志

施工现场指令标志的名称、图形符号、设置范围和地点的规定见附表 1-3。

指令标志　　**附表 1-3**

名称	图形符号	设置范围和地点	名称	图形符号	设置范围和地点
必须戴防毒面具	必须戴防毒面具	通风不良的有限空间	必须待防护耳罩	必须戴防护耳罩	噪声较大易对人体造成伤害的场所
必须戴防护面罩	必须戴防护面罩	有飞溅物质等对面部有伤害的场所	必须到防护眼睛	必须戴防护眼镜	有强光等对眼睛有伤害的场所
必须消除静电	必须消除静电	有静电火花会导致灾害的场所	必须穿防护鞋	必须穿防护鞋	具有腐蚀、灼烫、触电、刺伤、砸伤的场所
必须戴安全帽	必须戴安全帽	施工现场	必须系安全带	必须系安全带	高处作业的场所
必须戴防护手套	必须戴防护手套	具有腐蚀、灼烫、触电、刺伤、砸伤的场所	必须用防爆工具	必须用防爆工具	有静电火花会导致灾害的场所

第四节 提 示 标 志

施工现场提示标志的名称、图形符号、设置范围和地点的规定见附表1-4。

指令标志 **附表1-4**

名称	图形符号	设置范围和地点	名称	图形符号	设置范围和地点
动火区域	动火区域	施工现场规定的可以使用明火的场所	应急避难场所	应急避难场所	容纳危险区域内疏散人员的场所
避险处	避 险 处 避险处	躲避危险的场所	紧急出口	紧急出口 紧急出口 紧急出口	用于安全疏散的紧急出口处，与方向箭头结合设置在通向紧急出口的通道处（一般应指示方向）

第五节 导 向 标 志

施工现场导向标志的名称、图形符号、设置范围和地点的规定见附表1-5。

导向标志（交通警告类） **附表1-5**

名称	图形符号	设置范围和地点	名称	图形符号	设置范围和地点
直行		道路边	向左转弯		道路交叉口前

续表

名称	图形符号	设置范围和地点	名称	图形符号	设置范围和地点
靠左侧道路行驶		须靠左行驶前	向右急转弯		施工区域向右急转弯处
靠右侧道路行驶		须靠右行驶前	向右转弯		道路交叉口前
单行路（按箭头方向向左或向右）		道路交叉口前	停车位		停车场前
单行路（直行）		允许单行路前	减速让行		道路交叉口前
人行横道		人穿过道路前	禁止驶入		禁止驶入路段入口处前
限制重量		道路、便桥等限制质量地点前	禁止停车		施工现场禁止停车区域
限制高度		道路、门框等高度受限处	禁止鸣笛		施工现场禁止鸣喇叭区域
慢行		施工现场出入口、转弯处等	限制速度		施工现场出入口等需要限速处
向左急转弯		施工区域向左急转弯处	限制宽度		道路宽度受限处

续表

名称	图形符号	设置范围和地点	名称	图形符号	设置范围和地点
停车检查	检查	施工车辆出入口处	下陡坡		施工区域陡坡处，如基坑施工处
上陡坡		施工区域陡坡处，如基坑施工处	注意行人		施工区域与生活区域交叉处

第六节　制　度　标　志

施工现场制度标志的名称、设置范围和地点的规定见附表 1-6。

制度标志　　　　**附表 1-6**

序号	名称		设置范围和地点
1	管理制度标志	工程概况标志牌	施工现场大门入口处和相应办公场所
		主要人员及联系电话标志牌	
		安全生产制度标志牌	
		环境保护制度标志牌	
		文明施工制度标志牌	
		消防保卫制度标志牌	
		卫生防疫制度标志牌	
		门卫制度标志牌	
		安全管理目标标志牌	
		施工现场平面图标志牌	
		重大危险源识别标志牌	
		材料、工具管理制度标志牌	仓库、堆场等处
		施工现场组织机构标志牌	办公室、会议室等处
		应急预案分工图标志牌	
		施工现场责任表标志牌	
		施工现场安全管理网络图标志牌	
		生活区管理制度标志牌	生活区
2	操作规程标志	施工机械安全操作规程标志牌	施工机械附近
		主要工种安全操作标志牌	各工种人员操作机械附件和工种人员办公室
3	岗位职责标志	各岗位人员职责标志牌	各岗位人员办公和操作场所

名称标示示例：

第七节 现 场 标 线

施工现场标线的名称、图形符号、设置范围和地点的规定见附表 1-7，附图 1-1。

标 线 **附表 1-7**

图形	名称	设置范围和地点
	禁止跨越标线	危险区域的地面
	警告标线（斜线倾角为 45°）	易发生危险或可能存在危险的区域，设在固定设施或建（构）筑物上
	警告标线（斜线倾角为 45°）	
	警告标线（斜线倾角为 45°）	
	警告标线	易发生危险或可能存在危险的区域，设在移动设施上
高压危险	禁止带	危险区域

临边防护标线示意
（标志附在地面和防护栏上）

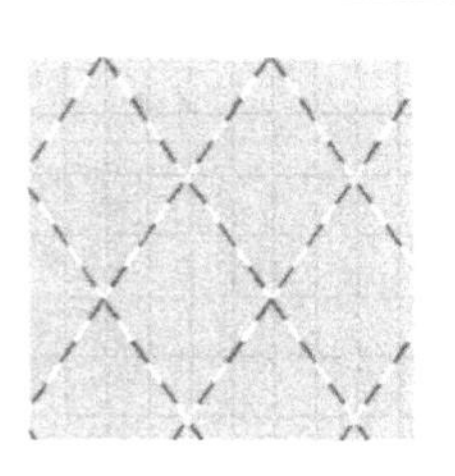

脚手架剪刀撑标线示意
（标志附在剪刀撑上）

电梯井立面防护标线示意
（标线附在防护栏上）

附图 1-1

第八节 名 称 标 志

名称标志可分为施工区域名称标志、生活区域名称标志和办公区域名称标志。名称、设置范围和地点的规定见附表 1-8。

名称标志 **附表 1-8**

序号	名称		设置范围和地点
1	施工区	配电房	施工区域入口
		材料库区	
		泥浆拌制区	
		钢筋加工及堆放区	
		机械作业区	

续表

序号	名称		设置范围和地点
2	办公区	工程部	办公室门框上部或门中上部
		技术部	
		经营部	
		总经理办公室	
3	生活区	供热锅炉房	生活区域入口

第九节　道路施工作业安全标志

道路施工作业安全标志的名称、设置范围和地点的规定见附表 1-9。

道路施工作业安全标志　　**附表 1-9**

指示标志图形符号	名称	设置范围和地点	指示标志图形符号	名称	设置范围和地点
	前方施工	道路边	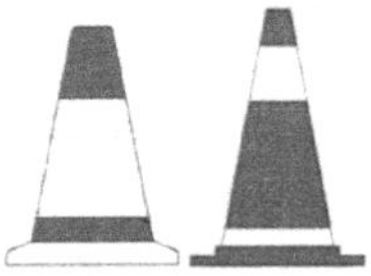	锥型交通标志	路面上
	右道封闭	道路边		道路封闭	道路边
	中间道路封闭	道路边		左道封闭	道路边
	向左行驶	路面上	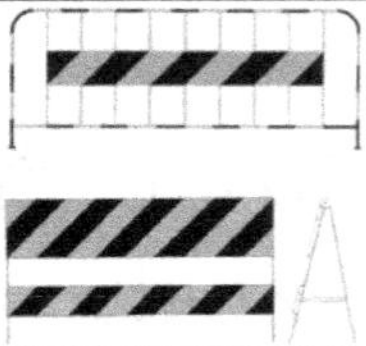	施工路栏	路面上
	向左改道	道路边		向右行驶	路面上
				向右改道	道路边
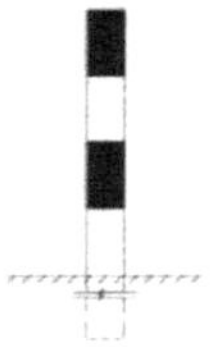	道口标柱	路面上	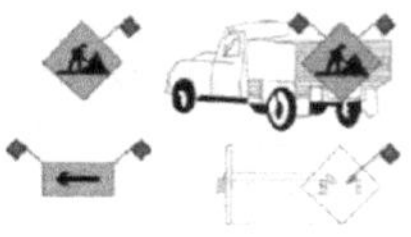	移动性施工标志	路面上

附录二　常见故障的诊断与排除

第一节　钻机部件常见故障的诊断与排除（附表 2-1）

附表 2-1

故障现象	问题分析	处理方法	判别方法
停机后钻杆缓慢下落	摩擦片之间间隙过大	更换	停机后自动下溜
	补油压力不足	检查补油压力	用表测量
	浮动电磁阀卡滞不回中位	清洗阀芯或更换	将电器插头拔掉，手动浮动电磁阀
正常操作下放过程中突然掉钻现象	主卷压力值有偏差	测量主卷压力值	用表测量，并记录准确的读数
	外界温度太低，液压油温度太黏稠	将液压油散热器挡住，让温度在仪表上保持有三格，降低黏稠度	先观看仪表温度，还可以用温度计测量液压油温度
	液压油清洁度太低	用高精度过滤器过滤液压油或者更换新液压油，更换新的滤芯	用清洁度检测仪器检测
	补油管位置不理想	补油管最好是接在马达的 S 口上，不要接在平衡阀制动阀上	目测
	电磁阀卡滞	清洗阀芯或更换	将电器插头拔掉，手动浮动电磁阀
钻杆在卸土时，有时溜钻杆	制动缸油封损坏	更换	打开减速机加齿轮油堵头，齿轮油太稀
	主卷补油不足引起	接好补油管	
主卷扬在放钻杆时出现掉钻现象	马达溢流阀卡滞，使阀芯不能回位	拆下马达溢流阀清洗溢流阀，重新装配	定量马达上提是 B 口溢流阀
主卷扬只有下放动作	马达溢流阀卡滞，使阀芯不能回位	拆下马达溢流阀清洗溢流阀，重新装配	定量马达下放是 A 口溢流阀
	马达溢流阀压力调整太低	测量主卷上提压力，不合要求的重新调整压力	

续表

故障现象	问题分析	处理方法	判别方法
主卷扬不能上提也不能下降	减速机摩擦片问题	更换	
	减速机齿轮轴承问题	打开减速箱，更换损坏零件	
	马达问题	更换或修复马达	
	BVD 制动阀问题	检查减压阀中的弹簧，阀芯	
主卷扬无浮动	浮动电磁阀卡滞	清洗或更换	拔掉插头。手动电磁阀
	线路故障	重新接线	用万用表测量
	摩擦片烧结	更换	主卷扬无动作，溢流阀溢流
	手柄按钮问题	修复或更换手柄按钮	用万用表测量
主卷扬主油管压力正常但不能动作	减速机摩擦片烧结	更换摩擦片	拆开马达，目测摩擦片
	减速机齿轮损坏	更换	打开减速箱，更换损坏零件
	制动缸油封损坏	更换	
	平衡阀故障	拆卸检查、清洗	测上提和下放时制动管压力值
桅杆不垂直	水平传感器损坏	更换	用经纬仪测量桅杆垂直度
	桅杆液压锁损坏	更换	
	桅杆液压油缸损坏或内泄	更换油缸密封件	
立桅不同步	油缸大腔的铰接螺栓阻尼孔不一样大	更换成相同大小的工艺孔的铰接螺栓	
	平衡阀问题	更换	
	油缸本身存在内泄问题	更换油缸密封件	
提引器转动不灵活或是不转	长期不使用也不作防锈处理，锈死	拆卸检查。更换损坏零件	
	由于密封损坏，泥浆进入提引器内部，损坏轴承	拆卸检查。更换损坏零件	
	冬期施工，黄油冻结	隔水加热至 60℃，将冻结黄油挤出	
	提引器内的螺母固定螺钉掉落	拆卸检查。更换损坏零件	
	提引器安装比较紧	拆卸检查。更换损坏零件	
	内部的油封磨损，油封处轴磨出凹痕，轴承磨损	拆卸检查。更换损坏零件	

续表

故障现象	问题分析	处理方法	判别方法
提引器转动不灵活或是不转	往提引器内注脂方法不正确，强行将黄油压入，造成油封挤坏	拆卸检查。更换损坏零件	
	提引器轴套磨损间隙过大造成泥沙进入体内使轴承损坏	拆卸检查。更换损坏零件	
动力头扭矩不足	发动机功率不足	发动机响声异常，冒黑烟，掉转速等	在仪表上查看
	液压油路问题	仔细清查顺序阀油路，主油管油路	
	顺序阀问题	重新调节顺序阀	主要体现在动力头打钻没有力，高速甩土时速度没有明显加快
	叠形弹簧问题	检查减速机叠形弹簧	
	补油阀上的溢流阀泄压	重新调节溢流阀压力	
	不经过补油阀上的溢流阀时主油管压力值不够	重新调节压力值	
马达端盖漏油	由于气蚀造成端盖受损，O形圈损	对端盖进行修补，更换O形圈，增加补油装置	
天方地圆处漏油	天方地圆骨架油封损坏	更换	
	因钻机带杆砸在动力头上	现换安装螺钉加弹垫	
	因工作时的振动，造成松动		
动力头减速机有响声	减速机磨片磨损	更换	
	动力头减速机轴或轴承损坏	拆开减速机上更换所有损坏零件	动力头转不动
	减速机过热	检查润滑油位，查看减速机下油封	
	润滑油过少	向润滑油箱添加液压油	
动力头高速反转无动作	电磁阀线路断路	重新接线	
	轴入轴上的密封损坏	更换	
	减速机摩片烧结	拆开更换	
油箱串油	马达油封损坏	更换	
从油窗中可以看到大齿圈转动但钻杆不动	动力头内大齿圈与套筒螺钉剪断	打开动力箱更换损坏螺钉	
	套筒与回转支承联接螺钉剪断	打开动力箱更换损坏螺钉	

续表

故障现象	问题分析	处理方法	判别方法
履带过松	使用时间长磨损	加注黄油，张紧油缸	目标履带板
	履带张紧油缸密封损坏	拆开张紧油缸，更换油封	
履带不能行走	摩擦片烧坏	更换	
	减速机齿轮损坏	更换	
	制动油缸 X 型密封损坏	更换	
钢丝绳断裂	提引器转动不灵活	检修提引器	钢丝绳散股
	钢丝绳磨损严重	更换	钢丝绳断股
	压绳器压轮不转	检修压绳器，或更换	目测
回转失灵	线头松动	检查	
	手柄按钮问题	检查或更换	
	电器模块问题	更换	
回转支承有异响	加注的润滑脂变质	加注新的润滑脂将变质的挤出	异响。干摩擦的声音
	轴承损坏	更换	有周期性的异响
加压无动作有压力	平衡阀损坏或阀芯卡住	更换，清洗阀芯	
	M4 阀阀芯卡住	清洗	
加压油缸自动下落	油缸活塞杆密封损坏	更换活塞杆密封	
	平衡阀损坏锁不住	更换平衡阀	

第二节　发动机常见故障的诊断与排除（附表 2-2）

附表 2-2

故障现象	原因分析	排除方法
发动机不能起动或起动缓慢	起动电机转动但不能带动发动机	电机的齿牙损坏或弹簧断裂
	线路松动或腐蚀	清洗并拧紧
	蓄电池亏电	充电
	电磁线圈或起动电机故障	更换启动电机
发动机可以转动，但不能起动，且排气中没有烟	油箱没有油	添加柴油
	燃油滤清器为水或其他污染物堵塞	排放燃油/水分离器或更换燃油滤清器
	喷油泵没有得到燃油或燃油中有空气	检查燃油系统的燃油流量/对燃油系统进行排气处理
	进气不足	检查与更换滤清器并检查空气供应管是否阻塞
	燃油系统中有空气或燃油供应不足	检查经过滤清器的燃油流量并对系统排气

续表

故障现象	原因分析	排除方法
发动机起动，但不能保持运转	燃油油位太低	检查/加注燃油箱
	进气或排气系统受阻	目测检查排气是否受阻并检查进气是否受阻
	燃油系统中有空气或燃油供应不足	检查经过滤清器的燃油流量并对系统进行排气，找到并处理空气源
	由于天气寒冷，燃油凝固成蜡状物	通过检查燃油滤清器来确，清洗燃油系统并使用适应气候的燃油和燃油加热器
	燃油滤清器堵塞	检查/更换滤清器
排黑烟过多	进气受阻	检查/更换空气滤清器。查看有无其他堵塞
	排气受阻	检查排气阻力
	增压器和进气歧管之间泄漏空气	检查歧管盖上的空气跨接管、空一空中冷器接头、软管或通孔中是否泄漏并进行修补
	空-空中冷器发生故障	检查空-空中冷器是否堵塞，检查内部充气阻力，或者空一空中冷器是否泄漏
	增压器和排气歧管之间排气泄漏	检查并修补歧管或增压器密封垫泄漏，检查排气歧管是否破裂
	涡轮增压器发生故障	检查/更换涡轮增压器
排白烟过多	进气温度太低	
	燃油质量差	通过使用一只装有优质燃油的临时供油箱供油运转发动机进行检查。清理并冲洗燃油供应油箱，使用十六烷值为 42～50 的柴油
	喷油器发生故障	检查/更换喷油器
	冷却液漏进燃烧空中	查看冷却液损失情况
	喷油泵故障/输油阀故障	拆下喷油泵。进行校准检查
冷却液损失	发机外部泄漏	目测检查发动机和部件的密封圈，密封垫或放油塞是否泄漏
	如果发动机为冷却液中冷，中冷器泄漏	检查/更换中冷器。检查进气歧管或机油中是否有冷却液
	气缸盖密封垫泄漏	检查/更换气缸盖密封垫
	气缸体冷却液水套泄漏	检查/更换气缸体
机油压力偏低	机油油位偏低	检查/添加发动机机油
		检查是否有引起压力下降的严重的外部机油泄漏
	机油太黏稠	确保所用机油合格
	压力调节阀卡在关闭位置	检查/更换压力调节阀
	在更换机油泵时，六缸机油泵装到了四缸发动机上	确认机油泵安装正确

续表

故障现象	原因分析	排除方法
燃油消耗过高	进气或排气受阻	参考故障判断逻辑图中有关“大量排烟”
	燃油泄漏	检查是否有外部泄漏以及发动机机油是否为燃油稀释
		检查燃油输送泵和喷油泵是否有内部泄漏
	喷油器磨损或发生故障	检查/更换喷油器
	喷油泵正时不正确	检查/调整喷油泵正时
	气门未落座到位	检查/调整气门
	动力装置故障	检查/维修动力装置
发动机噪声过大	传动皮带发出尖叫声，张紧力不足或不正常的高负荷	检查张紧装置和传动皮带是否损坏。确保水泵，张紧轮、风扇毂和充电机能自由转动
		检查皮带轮上有无油漆/机油或其他材料
		检查附件传动皮带的张紧度
	气门间隙过	调整气门，确保推杆没有弯曲，摇臂无严重磨损
	涡轮增压器噪声	检查涡轮增压器叶轮和涡轮叶轮是否与壳体接触

第三节　电气系统常见故障分析与排除（附表 2-3）

附表 2-3

故障现象	原因分析	排除方法
仪表	相应的传感器损坏	更换相应的传感器
	相应的线路开路	检修线路
灯不亮	相应的灯泡坏	更换相应的灯泡
	相应的开关坏	更换相应的开关
	相应的线路开路	检修线路
启动开关打到“ON”位时，系统无反应	保险丝熔断	更换保险丝
	启动开关线路虚接	检查启动开关接线
	电源继电器线圈线未接好	将线接好
	电源继电器损坏	更换电源继电器
	启动开关损坏	更换启动开关
启动电机不工作	启动开关损坏	更换启动开关
	启动电机损坏	更换启动电机
	启动继电器损坏	更换启动继电器
	蓄电池亏电	更换蓄电池
	电源线路有松动	紧固好接线端子
发动机不能升速	油门旋钮损坏	更换油门旋钮
	发动机 ECM 控制板损坏	更换发动机 ECM 控制板
	线路接触不良	检查线路

第四节　液压系统常见故障分析与排除（附表 2-4）

附表 2-4

故障现象	原因分析	排除方法
全车无动作	液压油箱油量不够，主泵吸空	加足液压油
	吸油滤清器堵死	更换滤清器，清洗系统
	发动机联轴器损坏（如胶盘、弹性盘）	更换
	主泵损坏	更换或维修主泵
	伺服系统压力过低或无压力	调整到正常压力，如伺服溢流阀调不上压力，则拆开清洗，如弹簧疲劳可加垫或更换
	安全阀调定压力过低或卡死	调整到正常压力，如调不上压力，则拆开清洗，如弹簧疲劳可加垫或更换
	主泵吸油管爆裂或拔脱	更换新管件
单边履带不能行驶	给单边履带行走供油的主泵损坏	更换
	履带轨断裂	联接
	行走先导阀损坏，行走先导压力过低	更换
	主阀杆卡死，弹簧断裂	修复或更换
	行走马达损坏	更换
	行走减速器损坏	更换
	回转接头上下腔沟通	换油封或总成清洗
	行走油管爆裂	更换
全车动作迟缓无力	液压油箱油位不足	加足液压油
	发动机转速过低	调整发动机转速
	先导系统压力过低	调整到规定压力
	系统安全阀压力过低	调整到规定压力
	主泵供油不足，提前变量	调整主泵变量点调节螺栓
	主泵内泄严重，如配油盘与缸体间的球面磨损严重，压紧力不够，柱塞与缸体间磨损，造成内泄	更换主泵或修复
	行走马达、回转马达均有不同程度的磨损，产生内泄	更换或修复磨损件
	由于密封件老化，液压元件逐渐磨损，液压油变质，使作业速度随温度提高而减慢无力	更换液压油，更换全车密封件，重新调整液压元件配合间隙与压力
	发动机滤清器堵塞，造成加载转速降速严重，严重时熄火	更换滤芯
	液压油滤清器堵塞，会加快泵、马达、阀磨损而产生内泄	按保养大纲定期清洗和更换滤芯
	主阀杆与阀孔间隙磨损过大，内泄严重	阀杆修复

续表

故障现象	原因分析	排除方法
左右行走无动作（其他正常）	中央回转接头损坏	更换油封，如沟槽损坏应更换损坏件
	行走操纵阀高压腔与低压腔击通	更换
	行走操纵阀内泄严重，造成行走先导压力过低	更换
	主阀中行走阀溢流压力过低或阀杆卡死	调整、研磨
	左右行走减速器有故障	修复
	左右行走马达有故障	修复
	油管爆裂	更换
行走时跑偏（其他正常）	双泵的流量相差过大	调整
	主泵变量点调整有误差或有一个泵内泄	调整或修复
	主阀中有一行走阀芯内或外弹簧损坏或卡紧	更换
	行走马达有磨损而产生内泄	修复或更换
	中央回转接头密封件老化损坏	更换密封件
	左右履带松紧不一	调整
	行走制动器有带车现象	调整
	先导阀有内泄或损坏	更换
未操作时行走机构有移动现象	先导阀手柄压盘，压紧量过大	调整
	先导阀阀芯有卡紧现象	更换
	主阀阀杆有卡紧现象或阀杆弹簧断裂	修复
	工作时行走抱闸未抱死	调整
液压油油温过高	没有正确使用要求的标号液压油	更换液压油
	液压油冷却器外表油污、泥土多，通风孔堵塞	清洗
	发动机风扇皮带打滑或断开	调整皮带松紧度或更换
	液压油油箱油位过低	加足液压油
	液压油污染使马达、主阀、油缸等液压元件内部零件或密封件加速磨损产生内泄，引起油温升高，行走、回转动作迟缓无力，而温度高又会使液压油恶化，安全阀封闭不严，溢流损失	及时更换各种滤芯
回转无动作（其他动作正常）	液压油管破裂	更换
	伺服阀内泄、阀杆卡住或损坏	修复或更换
	主阀上回转阀杆卡死	修复
	回转马达损坏	修复或更换
	回转制动器没打开	调整
	回转减速器内部损坏	修理、更换损坏的齿轮
	回转支承损坏	更换

续表

故障现象	原因分析	排除方法
回转左右方向速度不等（其他正常）	伺服阀内泄过大	更换
	多路阀左右回转溢流压力不等	调整
	多路阀回转阀杆有轻微卡紧现象	研磨
	回转制动抱闸	调整
回转迟缓无力（其他正常）	液压油管外泄严重	更换管件和密封件
	伺服阀内泄大，压力低于规定值	更换
	多路阀回转过载压力低	调整
	回转制动器带车	调整
	回转马达内泄严重	修复或更换
	多路阀高、低压腔击通，阀体有铸造砂眼，造成单向动作或几个动作联动	更换
未操作回转机构而有回转现象	先导阀手柄压盘，压紧量过大	调整
	先导阀阀芯有卡紧现象	修复
	主阀阀杆弹簧断裂	更换
工作时产生异响、异常振动	液压油箱油量不足	补油
	油液中含水分、空气过多	更换
	主泵柱塞打断，发出振动、噪声	更换
	多路阀的安全阀发响	调整
	联轴器损坏	更换
	减速器齿轮损坏	更换
	冷却风扇叶刮导风罩	调整
	硬管管卡未卡紧而振动	调整
	滤清器堵塞	更换
	吸油管进气	排气
	发动机转速不均	调整
油泵系统不供油或供油不足	发动机转速太低	调整到正常转速
	主泵有故障	更换
	油箱油量不足	补油
	先导阀压力不足	调整
	油管破裂，油管接头松动，O形圈损坏	更换

参 考 文 献

[1] 北京建筑机械化研究院等．GB 26545—2011 建筑施工机械与设备 钻孔设备安全规范．北京：中国标准出版社，2011

[2] 北京市三一重机有限公司等．GB/T 25695—2010 建筑施工机械与设备 旋挖钻机成孔施工通用规程．北京：中国标准出版社，2010

[3] 北京市三一重机有限公司，北京建筑机械化研究院．JB/T 11168—2011 建筑施工机械与设备 旋挖钻机伸缩式钻杆．北京：机械工业出版社，2011

[4] 甘肃省建筑工程总公司．JGJ 33—2012 建筑机械使用安全技术规范．北京：中国建筑工业出版社，2012

[5] 中国建筑业协会机械管理与租赁分会等．JGJ 160—2016 施工现场机械设备检查技术规范．北京：中国建筑工业出版社，2016